中等职业教育电类专业系列教材

电子技能与实训

（第 3 版）

重庆市中等职业学校电类专业教研协作组　组编

聂广林　主　编

王　莉　副主编

重庆大学出版社

内 容 简 介

本书是根据教育部 2001 年 8 月颁发的《中等职业学校电子电器应用与维修专业教学指导方案》、以国家对电类专业中级人才的培养要求,并结合本门技术的发展动态和学生实际为依据编写的。

主要内容有:半导体二极管的识别与检测、半导体三极管的识别与检测、半导体集成电路的识别与检测、常用传感器的识别与检测、常用电子仪器的使用、分压式放大器的安装与调试、串联型稳压电源的安装与调试、OTL 功放电路的安装与调试、超外差式收音机的安装与调试、门电路逻辑功能测试、JK 触发器的逻辑功能测试、拍手声控开关的制作等 3 个实用电路的安装与调试,共 14 个实训。每个实训包括知识准备、技能实训、成绩评定、思考与习题 4 部分。本书内容丰富、重点突出、图文并茂、通俗易懂、实用性强。

本书可作为中等职业学校电类专业的专业技术实训教材,也可供专业维修人员作为岗位培训教材或自学用书。

图书在版编目(CIP)数据

电子技能与实训/聂广林主编. --3 版. -- 重庆:
重庆大学出版社,2022.6
中等职业教育电类专业系列教材
ISBN 978-7-5624-3901-1

Ⅰ.①电… Ⅱ.①聂… Ⅲ.①电子技术—中等专业学校—教材
Ⅳ.①TN

中国版本图书馆 CIP 数据核字(2022)第 095872 号

电子技能与实训

(第 3 版)
重庆市中等职业学校电类专业教研协作组　组编
聂广林　主　编
王　莉　副主编
责任编辑:杨粮菊　秦旖旎　　版式设计:杨粮菊
责任校对:刘志刚　　　　　　责任印制:张　策

＊

重庆大学出版社出版发行
出版人:饶帮华
社址:重庆市沙坪坝区大学城西路 21 号
邮编:401331
电话:(023)88617190　88617185(中小学)
传真:(023)88617186　88617166
网址:http://www.cqup.com.cn
邮箱:fxk@cqup.com.cn(营销中心)
全国新华书店经销
重庆天旭印务有限责任公司印刷

＊

开本:787mm×1092mm　1/16　印张:8.75　字数:227 千
2022 年 6 月第 3 版　　2022 年 6 月第 13 次印刷
印数:32 001—35 000
ISBN 978-7-5624-3901-1　定价:32.00 元

第二版 前言

本教材 2007 年出版至今,已 15 年之久,当时是在"双轨制"教学体制下编写的实训教材,使用中受到各方好评。15 年来各校的生源条件、教学条件、实训条件及人才培养方案均发生了一些变化,原教材部分内容已不能适应新时代职业教育发展的需要,因此经与出版社商定,对原教材进行修改再版。

本次修订是在聂广林研究员指导下,由重庆市渝北职教中心高级讲师王莉老师具体执行对各实训内容的修改。

现对修改内容作如下说明:

1. 删除了原教材中陈旧和过时的内容,增加了一些贴近时代、贴近学生、贴近高考的新内容,除原教材中实训三、四、九、十、十一这 5 个实训没作改动外,其余 7 个实训的内容都作了重新编写,使教材焕发青春,绝对不是新瓶装老酒,而是旧瓶装新酒。

2. 实训九——超外差式收音机的安装与调试,这一内容看起来有点过时,好像大家都已不用收音机了,本想去掉该内容,但编者认为学生在学完"电工技术基础与技能"和"电子技术基础与技能"后,应该有一个综合性的实训来对学生的学习能力进行综合训练和验证,有效提升学生的实训技能。故经编者的反复考虑最终还是保留了该内容,但作为选学内容(有※号)供各校选用。

3. 实训五——常用电子仪器的使用,这一内容原教材介绍的所有仪器均已过时(模拟仪器),本次修改已将该实训内容全部重新编写,且现介绍的所有电子仪器都是与当前高职分类考试技能测试中所使用的仪器一致,具有非常好的实用价值。

4. 对原教材中的实训十二、十三、十四这 3 个实用电路的制作、安装与调试也进行了重新编写,现在安排的实训内容与当前高职分类考试技能测试所考内容合拍。因此,本教材特别适合高职考试的师生作为技能实训的教材。

王莉老师长期在第一线担任高职分类考试电类专业技能测试的教学工作,具有非常丰富的教学经验和实训指导经验。本次修订由她操刀,一定使该教材更接地气,更具实用性,更能反映新时代中职教育电子技能实训课程的教学水平,更受中职电类专业高考班师生的欢迎!

由于编者水平所限,本教材修改后肯定还有不少缺点,恳请读者及师生及时指正。

编 者

2022 年 5 月

前 言

　　为了贯彻全国职教会精神和培养适应 21 世纪高素质的劳动者和优秀中初级专门人才的客观需要，根据国家教育部颁发的《中等职业学校电子电器应用与维修专业教学指导方案》的要求，结合当前中等职业学校电类专业学生的实际和市场对人才的需求。重庆市中等职业学校电类专业中心教研组，在重庆市教委、市教科院的领导下，组织一批专家和工作在教学第一线的骨干教师编写了本教材。本教材有以下特点：

　　一、切实贯彻以市场为导向，以能力为本位的新的课程观和教学观，准确把握本门技术的发展动态和市场对技术工人的要求动向，合理安排教学内容（市场需要且中职学生又能学懂的内容），实实在在地提出学习训练要求，让学生真正掌握其基本技术。

　　二、全书贯彻"创新""实用"的编写理念和"贴近时代，贴近生活，贴近学生实际"的三贴近编写原则。

　　三、全书共安排了 14 个实训，每个实训分为两大块来写，一块是"知识准备"，这部分内容是指学生作该实训究竟需要掌握哪些必备知识才能顺利地完成实训内容，掌握其技能。第二块是"技能实训"，这部分内容是具体教学生怎样做，才能顺利完成实训内容。突出技术标准和技术规范，最后还给出了翔实和操作性强的"成绩评定"标准。学生完成该实训后，按技能标准和技术规范逐项给学生评分，学生到底掌握该实训的技能没有，给出了一个客观、科学的衡量尺度。便于教师公正、合理地评定学生的成绩。这种编排体系上的创新，使该书真正像一本实训教材。

　　四、在内容呈现上，尽量用表格、图形配以简洁、明了的文字解说，图文并茂，脉络清晰，语言流畅上口。学生愿读易懂，避免了大段整页的枯燥乏味的纯文字叙述。

　　五、为突出职教特色，确保训练时间和训练质量，本书仍按"双轨"制教学要求来编写，在内容上与理论课程有机配合，互相衔接；在时间上与理论课程同步开设，相互独立，真正做到理论与实践相结合。

本教材系中等职业学校电类专业的主干专业技术实训课程,安排在一年级第二学期学习,教学时数为110学时,各实训课时安排建议如下:

教学课时分配建议表

实训次数	课时数	实训次数	课时数
1	5	9	14
2	8	10	6
3	5	11	6
4	12	12	6
5	10	13	8
6	6	14	8
7	8		
8	8		

本教材由重庆市渝北区教师进修学校聂广林担任主编,重庆渝北职教中心赵争召担任副主编,参加编写的还有重庆市教科院肖敏老师、重庆龙门浩职中邹开跃老师、重庆北碚职教中心周兵老师、重庆工商学校辜小兵老师,全书由聂广林制订编写大纲和负责编写的组织及统稿工作。

本书在编写过程中得到重庆市教科院、重庆市渝北区教师进修学校、重庆工商学校、重庆北碚职教中心、重庆渝北职教中心、重庆龙门浩职中等单位领导的大力支持,特别是重庆市教科院职成教研究所向才毅所长对本书的编写自始至终给予了精心指导,使该教材得以顺利完成。在此一并致以诚挚的谢意!

由于编者水平有限,本书的缺点和不妥之处肯定不少,恳请读者及时批评指正。

编　者
2013 年 6 月

目录

实训一　半导体二极管的识读与检测

一、知识准备

晶体二极管是由一个 PN 结加上相应的电极引线和密封壳做成的半导体器件。二极管的种类如表 1.1 所示。

表 1.1　二极管的种类

划分方法及种类		解　说
按功能划分	普通二极管	常见二极管
	整流二极管	专门用于整流的二极管
	检波二极管	专门用于检波的二极管
	发光二极管	用于指示信号的二极管,能发出可见光
	稳压二极管	用于直流稳压
	光敏二极管	对光有敏感作用的二极管
	变容二极管	PN 结电容发生变化的二极管
按材料划分	硅二极管	硅材料制造的二极管
	锗二极管	锗材料制造的二极管
按外壳封装材料划分	塑封二极管	一般都采用塑料封装
	金属封装二极管	大功率二极管采用这种封装材料
	玻璃封装二极管	检波二极管采用这种封装材料

1. 半导体二极管的识别
(1)常见二极管的实物图(如图 1.1 所示)

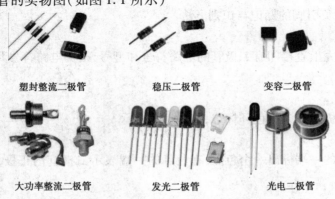

塑封整流二极管　　　　稳压二极管　　　　变容二极管

大功率整流二极管　　　发光二极管　　　　光电二极管

图 1.1　二极管的外形

（2）二极管的种类及电路符号（见表 1.2）

表 1.2 二极管的种类及电路符号

科 类	电路符号	电路符号解说
普通二极管的旧符号	 ◄│	图中表示出两引脚通过三角形表明了正极和负极引脚
普通二极管的新符号	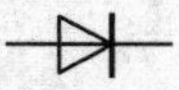 ▷│	图中表示出两引脚通过三角形表明了正极和负极引脚
稳压二极管	 ◄│	与普通二极管符号比较,负极表示方法不同
变容二极管	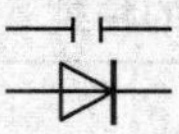 ⊣├▷│	在二极管符号旁边画一个小电容
发光二极管	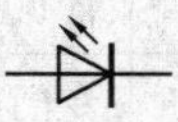 ▷│	发光二极管有两个引脚,一般长引脚为正极,短引脚为负极,箭头表示能向外发光
接收二极管（光敏二极管）	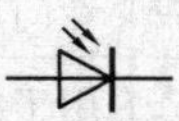 ▷│	箭头表示光线被二极管接收

（3）二极管的单向导电性

二极管的主要特性为单向导电特性。给二极管加正向偏置电压就导通,给二极管加反向偏置电压就截止。

（4）二极管主要参数

二极管的主要参数如表 1.3 所示。

表 1.3 二极管的主要参数

参数名称	符号	解 说
最大整流电流	I_{OM}	指二极管长时间正常工作时允许通过二极管的正向电流值
最高反向工作电压	U_{RM}	指二极管长时间正常工作时所能承受的最高反向峰值电压

（5）二极管正、负引脚的标记与识别方法

①直标法

在二极管的外壳上直接印有二极管的电路符号和型号,根据电路符号判断二极管的极性,如图 1.2 所示。

②色环标注法

在二极管的负极用一条银色环标志,如图 1.3 所示。

③色点标注法

在二极管外壳的一端标出一个色点,有色点的一端表示二极管的正极,另一端则为负极,如图 1.4 所示。

④外形识别

锥形二极管锥端为负极,大功率二极管有螺纹一端为负极;发光二极管有两个引脚,一般

2

长引脚为正极,短引脚为负极,如图1.5。

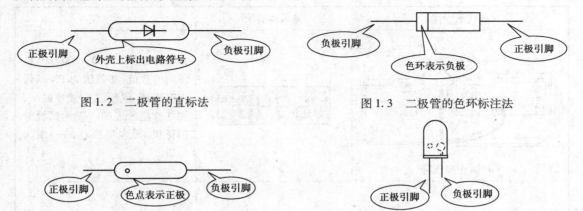

图1.2 二极管的直标法   图1.3 二极管的色环标注法

图1.4 二极管色点标注法   图1.5 外形识别

发光二极管的管体呈透明状,故管壳内的电极清晰可见,内部电极较宽大的一个为负极,较窄且小的一个为正极。

2.万用表检测半导体二极管

(1)二极管正、负极的判断

二极管的外壳上一般印有型号和标记,但若遇到型号和标记不清楚时,可用万用表的电阻挡进行判别。主要是利用二极管的单向导电性,其反向电阻远大于正向电阻。指针式万用表测量方法见表1.4所示,数字式万用表测量方法见表1.5。

表1.4 用指针式万用表检测判断二极管的正、负极

接线示意图	表针指示	说　明
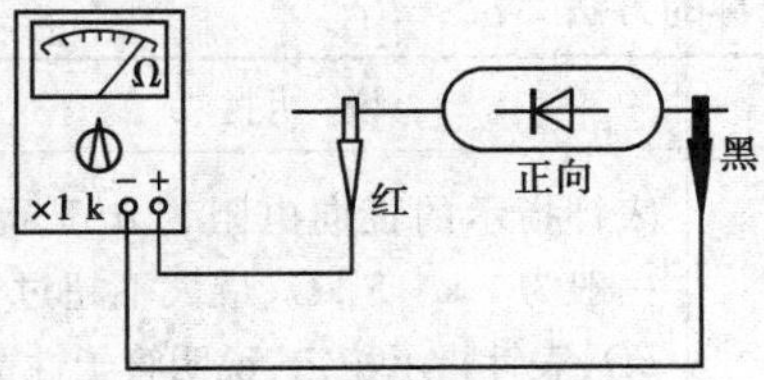 (a) 测正向电阻	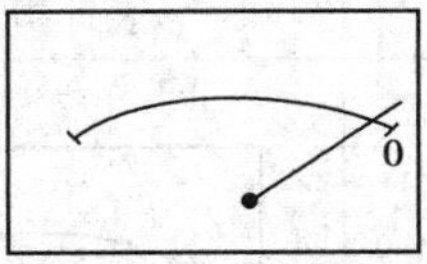	如果表针指示电阻值为1千欧到几千欧(对锗二极管为1 k~2 kΩ硅材料二极管正向电阻更大一些),说明为正向电阻,则黑表笔所连的一端为二极管的正极,红表笔所连的一端为负极
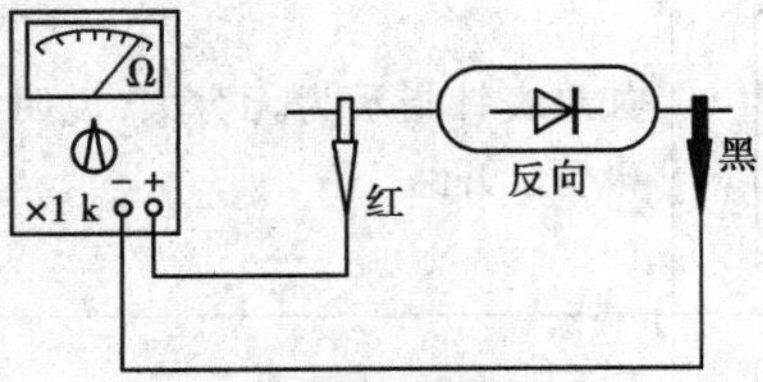 (b) 测反向电阻	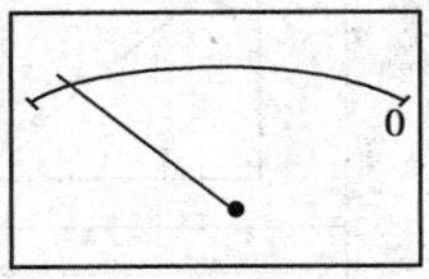	如果表针指示电阻值在几十千欧到几百千欧(或几乎接近无穷大,表针几乎不动),说明为反向电阻,则红表笔所连的一端为二极管的正极,黑表笔所连的一端为负极

3

表 1.5　用数字式万用表检测判断二极管的正、负极

接线示意图	显示屏显示	说　明
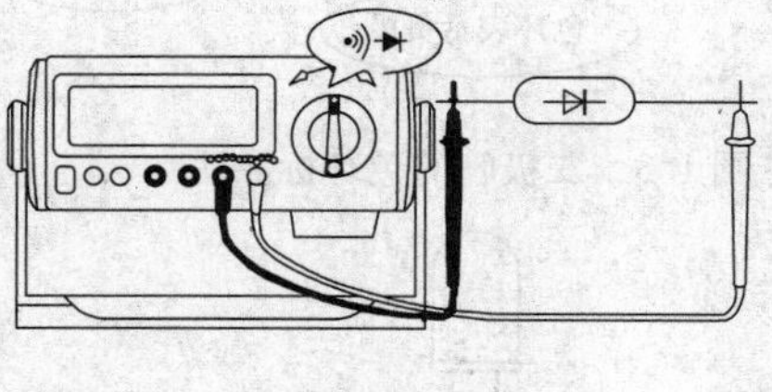 （a）测正向压降		如果屏幕显示"200～800"mV 范围内的数值,其数值为 PN 结近似电压值,说明二极管导通了,则红表笔所连的一端为二极管的正极,黑表笔所连的一端为负极。
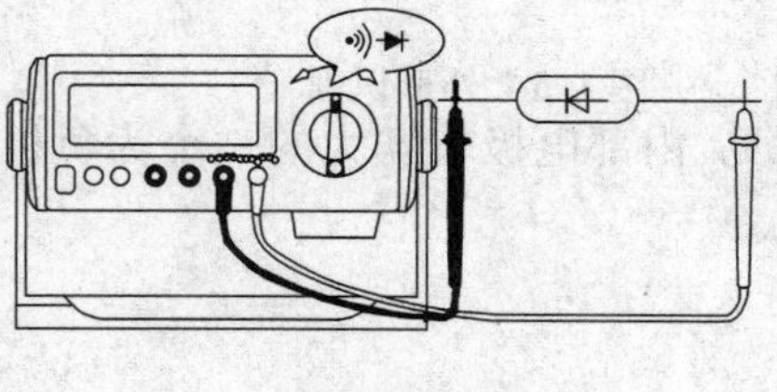 （b）测反向压降	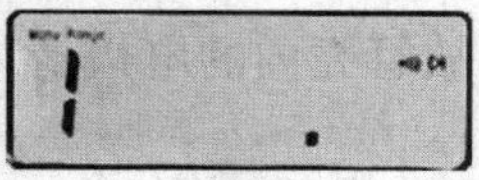	如果屏幕显示溢出符号"1.",说明二极管未导通,则黑表笔所连的一端为二极管的正极,红表笔所连的一端为负极。

（2）二极管好坏的判别

一般二极管的反向电阻比正向电阻大几百倍,可以通过万用表欧姆挡测量二极管的正、反向电阻来判断二极管的好坏。指针式万用表测量方法见表 1.6,台式数字万用表测量方法见表 1.7。

表 1.6　用指针式万用表测量二极管好坏的方法

接线示意图	表针指示	说　明
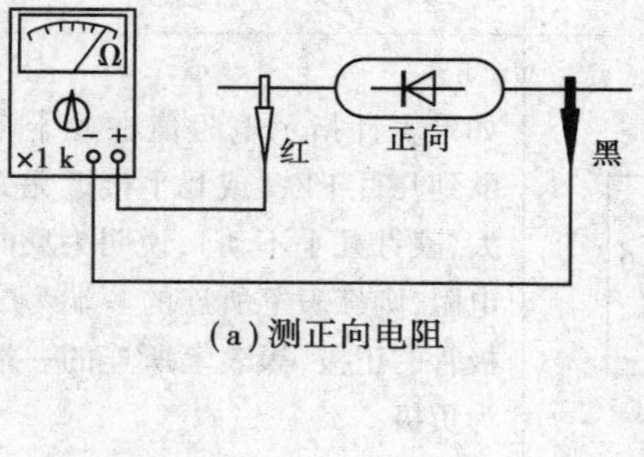 （a）测正向电阻	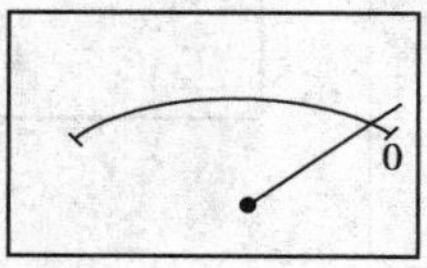	表针指示的正向电阻为几千欧,一般为 1 k～5 kΩ,最大不超过 9 kΩ,表针指示稳定,说明管子性能良好;若表针左右摆动,说明热稳定性差
	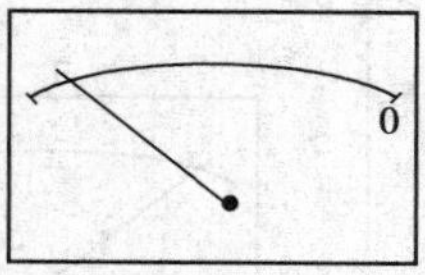	如果表针指示为无穷大,说明二极管已开路
	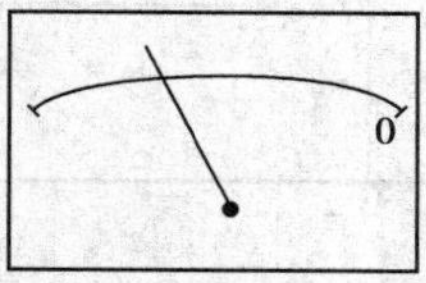	表针指示的正向电阻为几十千欧,说明二极管正向电阻大,二极管性能差

续表

接线示意图	表针指示	说　明
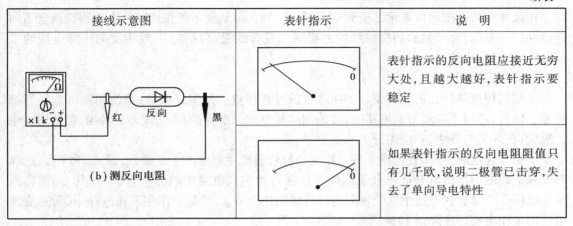 (b) 测反向电阻		表针指示的反向电阻应接近无穷大处,且越大越好,表针指示要稳定
		如果表针指示的反向电阻阻值只有几千欧,说明二极管已击穿,失去了单向导电特性

表 1.7　用台式数字万用表测量二极管好坏的方法

接线示意图	显示屏显示	说　明
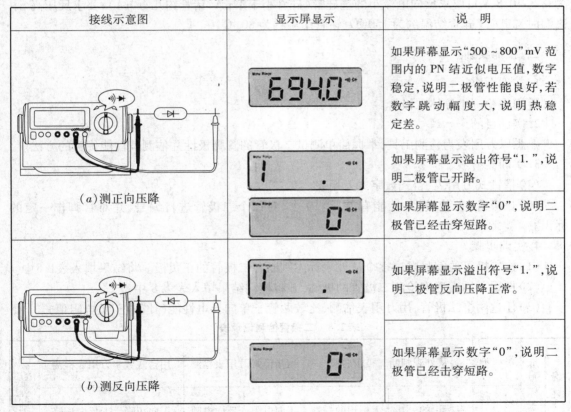 (a) 测正向压降	694.0	如果屏幕显示"500～800"mV 范围内的 PN 结近似电压值,数字稳定,说明二极管性能良好,若数字跳动幅度大,说明热稳定差。
	1.	如果屏幕显示溢出符号"1.",说明二极管已开路。
	0	如果屏幕显示数字"0",说明二极管已经击穿短路。
(b) 测反向压降	1.	如果屏幕显示溢出符号"1.",说明二极管反向压降正常。
	0	如果屏幕显示数字"0",说明二极管已经击穿短路。

　　注意:上表中测量的是指硅二极管,如果是测量锗二极管,则正向电阻和反向电阻值均有所下降。

　　另外测试时需注意,检测小功率二极管时,应将万用表置于 $R \times 100$ 或 $R \times 1$ k 挡;检测大功率二极管时,方可将量程置于 $R \times 1$ k 或 $R \times 10$ k 挡。

（3）二极管特性和参数的测量

用晶体管特性图示仪显示二极管的正、反特性时，可从显示的正向特性上读得二极管正向压降和门坎电压；可从显示的反向特性上读得二极管的最高反压（一般为反向击穿电压的二分之一）和反向电流。

（4）二极管的选用

①按照用途选择二极管类型。如用作检波可选择点接触型二极管；整流用则可选择面接触型二极管；若用于高频整流电路中，需采用高频整流二极管；如要实现光电转换，需选用光电二极管；在开关电路中，则应用开关二极管等。

②类型确定后，按参数选择元件。整流二极管通常主要考虑 2 个参数，即 I_{OM} 和 U_{RM}，选择时要视电路的估算值留有适当余量。如工作在容性负载电路中的二极管，应按其 I_{OM} 值降低 20% 使用。二极管在电路中承受反向电压峰值需小于 U_{RM}，若是工作在三相电路中，所加交流电压比单相电路还应降低 15% 。

③选用硅管还是锗管可按以下原则决定，要求正向压降小的选锗管（锗管为 0.2 V、硅管为 0.5 ~ 0.8 V）；要求反向电流小的选硅管（硅管小于 1 μA，锗管约几百 μA）；要求反压高、耐高温时选硅管（硅管结温约为 150 ℃、锗管结温约为 80 ℃）。

二、技能实训

1. 实训内容

万用表检测半导体二极管。

2. 实训目的

熟悉以万用表为检测工具，掌握简单测试二极管的管脚极性并估测其性能优劣的方法。

3. 实训器材

（1）指针式万用表、台式数字式万用表。

（2）二极管（各种类型、性能有差异）10 个，对每个二极管进行编号，并对管脚作一定的标识。

4. 实训步骤

（1）按二极管的编号顺序逐个从外表标志判断各二极管的正负极。将结果填入表1.8中。

（2）再用万用表逐次检测二极管的极性，并将检测结果填入表 1.8 中。

（3）任选两个二极管，用万用表估测，比较两管子单向导电性能（比较正、负电阻值）。

表 1.8　二极管检测记录表

编号	外观标志	类型		从外观判断二极管管脚		用指针式万用表检测		用台式数字万用表检测		质量判别
		材料	特征	有标识的一端	无标识的一端	正向电阻	反向电阻	正向压降	反向压降	
1										
2										
3										

续表

编号	外观标志	类型		从外观判断二极管管脚		用指针式万用表检测		用台式数字万用表检测		质量判别
		材料	特征	有标识的一端	无标识的一端	正向电阻	反向电阻	正向压降	反向压降	
4										
5										
6										
7										
8										
9										
10										

5. 成绩评定

表 1.9　成绩评定表　　　　　学生姓名_____

评定类别		评定内容	得分
实训态度(10 分)		态度好、认真 10 分,较好 7 分,差 0 分	
万用表使用(5 分)		正确 5 分,有不当行为酌情扣分	
实训器材安全(10 分)		万用表损坏扣 2 分,丢失或损坏一个二极管扣 1 分,扣完为止	
实训步骤	外面识别(20 分)	二极管识读正确一个给 2 分	
	万用表检测(30 分)	测量二极管正反向电阻,正确一个给 3 分	
	好坏鉴别(25 分)	正确鉴别二极管质量好坏,每个 2.5 分	
	总分		

思考与习题一

1. 填空

①晶体二极管具有_____特性。

②用指针式万用表判断二极管的性能好坏和引脚正、负极性时,一般将万用表欧姆挡调整到_____或_____挡,此时万用表的红表笔接的是表内电池的_____极,黑表笔接的是表内电池的_____极。

③用台式数字万用表判断二极管的性能好坏和引脚正、负极性时,一般将万用表量程开关转到挡,此时万用表的红表笔接的是表内电池的_____极,黑表笔接的是表内电池的

_____极。

④分别画出下列二极管的符号：整流二极管_____，稳压二极管_____，发光二极管_____，光电二极管_____。

2. 问答

晶体二极管外形极性标记常见有几种方法？

实训二 半导体三极管的识读与检测

一、知识准备

1.三极管的结构、符号、电流关系

晶体三极管,是半导体基本元器件之一,具有电流放大作用,是电子电路的核心元件。三极管是在一块半导体基片上制作两个相距很近的 PN 结,两个 PN 结把整块半导体分成三部分,中间部分是基区,两侧部分是发射区和集电区,排列方式有 PNP 和 NPN 两种,如表 2.1 所示。三个区引出相应的电极,分别为基极 B、发射极 E 和集电极 C。

表 2.1 三极管的结构

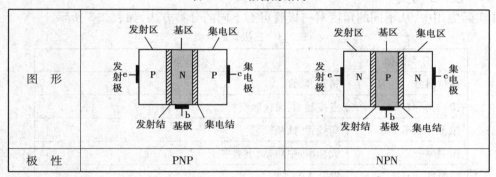

图 形		
极 性	PNP	NPN

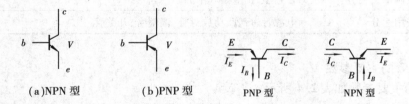

(a)NPN 型　　(b)PNP 型　　PNP 型　　NPN 型

图 2.1 三极管的符号　　　　图 2.2 三极管的电流方向

发射区和基区之间的 PN 结叫发射极,集电区和基区之间的 PN 结叫集电极。基区很薄,而发射区和集电区较厚,杂质浓度大。常见的三极管的有两种类型,即 NPN 和 PNP,其电路符号如图 2.1 所示,PNP 型三极管发射区"发射"的是空穴,其移动方向与电流方向一致,故发射极箭头向里;NPN 型三极管发射区"发射"的是自由电子,其移动方向与电流方向相反,故发射极箭头向外。在电路中三极管正常工作时,发射极箭头指向也是 PN 结在正向电压下的导通方向,其电流方向和三极管的类型有关,如图 2.2 所示。

PNP 类型的三极管正常工作时,电流从 E 极流入三极管,从 B 极和 C 极流出三极管。NPN 类型的三极管正常工作时,电流从 B 极和 C 极流入三极管,从 E 极流出三极管。从这两种类型的三极管电流流向的分析可以得出 $I_E = I_B + I_C$。

2. 三极管的识别

（1）常见三极管的外形

在电路中使用的三极管有很多，表 2.2 中是部分常见的三极管。

表 2.2　常见的三极管

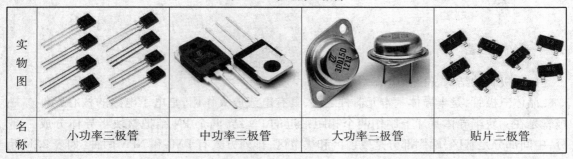

实物图			
名称	小功率三极管	中功率三极管	大功率三极管	贴片三极管

（2）三极管的分类

在实际应用中，从不同的角度对三极管可有不同的分类方法，如表 2.3 所示。

表 2.3　三极管的分类

分类依据	类　型
按材料分	锗管、硅管
按结构分	点接触型、面接触型
按工作频率分	高频管、低频管
按功率分	大功率、中功率、小功率
按极性分	PNP，NPN 型
按制造工艺分	合金型、扩散型和平面型
按用途分	电源管、行管、功放对管、调整管、开关管

（3）三极管的主要参数

三极管的主要参数如表 2.4 所示。

表 2.4　三极管的主要参数

参数名称	符号	解　说
共射电流放大系数	β	β 值一般在 $20 \sim 200$，它是表征三极管电流放大作用的最主要参数
最高反向击穿电压	U_{CEO}	指基极开路时加在 c，e 两端电压的最大允许值，一般为几十伏，高压大功率管可达千伏以上
最大集电极电流	I_{CM}	指由于三极管集电极电流 IC 过大，使 β 值下降到规定允许值时的电流（一般指 β 值下降到 2/3 正常值时的 IC 值）。实际管子在工作时超过 I_{CM} 并不一定损坏，但管子的性能将变差

参数名称	符号	解　说
最大管耗	P_{CM}	指根据三极管允许的最高结温而定出的集电结最大允许耗散功率。在实际工作中三极管的 I_C 与 U_{CE} 的乘积要小于 P_{CM} 值,反之则可能烧坏管子
穿透电流	I_{CEO}	指在三极管基极电流 $I_B=0$ 时,流过集电极的电流 I_C。它表明基极对集电极电流失控的程度。小功率硅管的 I_{CEO} 约为 0.1 μA,锗管的值要比它大 1 000 倍,大功率硅管的 I_{CEO} 约为 mA 数量级
特征频率	f_T	指三极管的 β 值下降到 1 时所对应的工作频率。f_T 的典型值约在 100 ~ 1 000 MHz 之间

在实际使用过程中,常用的三极管参数如表 2.5 所示。

表 2.5　常用的三极管参数

型　号	材料与极性	P_{CM}/W	I_{CM}/mA	$BVcbo$/V	f_T/MHz
3DG6C	Si-NPN	0.1	20	45	> 100
3DG7C	Si-NPN	0.5	100	> 60	> 100
3DG12C	Si-NPN	0.7	300	40	> 300
3DG111	Si-NPN	0.4	100	> 20	> 100
3DG112	Si-NPN	0.4	100	60	> 100
3DG130C	Si-NPN	0.8	300	60	150
3DG201C	Si-NPN	0.15	25	45	150
C9011	Si-NPN	0.4	30	50	150
C9012	Si-PNP	0.625	−500	−40	
C9013	Si-NPN	0.625	500	40	
C9014	Si-NPN	0.45	100	50	150
C9015	Si-PNP	0.45	−100	−50	100
C9016	Si-NPN	0.4	25	30	620
C9018	Si-NPN	0.4	50	30	1.1G
C8050	Si-NPN	1	1 500	40	190
C8580	Si-PNP	1	−1 500	−40	200
2N5551	Si-NPN	0.625	600	180	
2N5401	Si-PNP	0.625	−600	160	100
2N4124	Si-NPN	0.625	200	30	300

（4）三极管的引脚分布规律

三极管的引脚分布分为塑封装和金属封装两种，如表 2.6 所示。

表 2.6　三极管的引脚分布规律

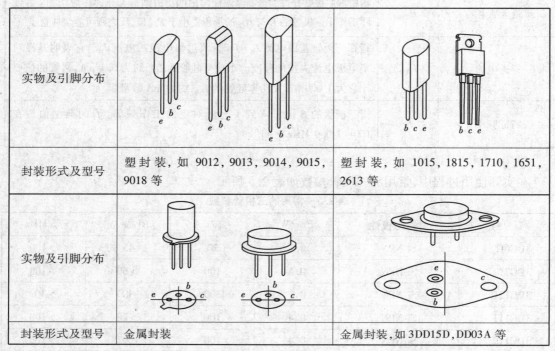

实物及引脚分布		
封装形式及型号	塑封装，如 9012，9013，9014，9015，9018 等	塑封装，如 1015，1815，1710，1651，2613 等
实物及引脚分布		
封装形式及型号	金属封装	金属封装，如 3DD15D，DD03A 等

3.用万用表测试三极管（以 NPN 为例）

（1）管子类型和基极的判别

用指针式万用表测，如图 2.3 所示选用欧姆挡的 $R×100$ 或 $R×1k$ 挡，用两表笔测试三极管任意两引脚间电阻，找到一次阻值小的。此时两表笔所接引脚中有一脚为基极 b。如果黑表笔不动，移动红表笔测试另一个引脚，若测得阻值小，说明黑表笔接的引脚为 b 极，且三极管的管型为 NPN 型。如果红表笔不动，移动黑表笔测试另一个引脚，若测得阻值小，说明红表笔接的引脚为 b 极，且三极管的管型为 PNP 型。

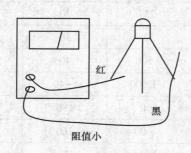

图 2.3　指针式万用表测试三极管

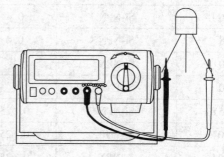

图 2.4　台式数字万用表测试三极管

用台式数字万用表测，如图 2.4 所示，选用"🔊➤┝"挡，用两表笔测试三极管任意两引脚间的管压降，找到一次管压降值小的。此时两表笔所接引脚中有一脚为基极 b。如果红表笔不动,移动黑表笔测试另一个引脚,若测得管压降值小,说明红表笔接的引脚为 b 极,且三极管的管型为 NPN 型。如果黑表笔不动,移动红表笔测试另一个引脚,若测得管压降值小,说明黑表笔接的引脚为 b 极,且三极管的管型为 PNP 型。

（2）判别集电极

集电极判别如图 2.5 所示选 $R \times 1$ k 挡。对于 NPN 管,两表笔测试除开 b 极外的另两个引脚,用手搭住 b 极和黑表笔,记下电阻值的大小;然后交换红黑表笔测试,手仍然搭在 b 极和黑表笔之间,记下电阻值的大小。比较两次阻值大小,阻值小的一次,黑表笔接的 C 极,红表笔接的 E 极。

对于 PNP 管,两表笔测试除开 b 极外的另两个引脚。用手搭住 b 极和红表笔,记下电阻值的大小;然后交换红黑表笔测试,手仍然搭在 b 极和红表笔之间,记下电阻值的大小。比较两次阻值的大小,阻值小的一次,红表笔接的为 C 极,黑表笔接的为 E 极。

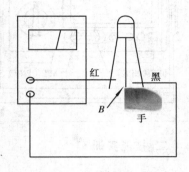

图 2.5　集电极判别

（3）三极管性能的判别

其判别如图 2.6 所示在三极管安装前首先要对其性能进行测试。条件允许可以使用晶体管图示仪,也可以使用普通万用表对晶体管穿透电流 I_{CEO} 进行粗略估测,用万用表 $R \times 10$ k 挡,对于 NPN 型管,黑表笔接集电极,红表笔接发射极(对于 PNP 型管则相反)。若阻值很小,说明穿透电流大,已接近击穿,稳定性差;若阻值为零,表示管子已经击穿;若阻值无穷大,表示管子内部断路;若阻值不稳定或阻值逐渐下降,表示管子噪声大、不稳定,不宜采用。在测试过程中,还可让电烙铁靠近测试三极管,对三极管加热,同时观察万用表指针的变化从而确定的 I_{CEO} 变化,若加热后测试时发现万用表指针指示阻值比加热前明显下降,说明该三极管的热稳定性差。

（4）电流放大系数 β 的估测

其估测如图 2.7 所示选用欧姆挡的 $R \times 100$（或 $R \times 1$ k）挡,对 NPN 型管,红表笔接发射极,黑表笔接集电极。测量时,比较用手捏住基极和集电极(两极不能接触)和把手放开两种情况小指针摆动的大小,摆动越大,β 值越高。

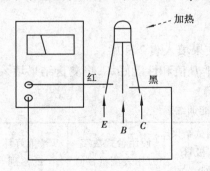

图 2.6　三极管性能的判别

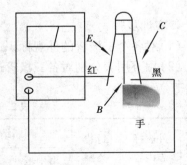

图 2.7　电流放大系数的估测

台式数字万用表设计有专门测试三极管的插孔来测试三极管的 β 值,其操作步骤见表 2.7。

表 2.7　台式数字万用表测 β 值的步骤

接线示意图	表针指示	说　明
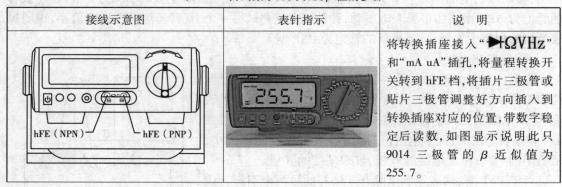		将转换插座接入"▶⊦ΩVHz"和"mA uA"插孔,将量程转换开关转到 hFE 档,将插片三极管或贴片三极管调整好方向插入到转换插座对应的位置,带数字稳定后读数,如图显示说明此只 9014 三极管的 β 近似值为 255.7。

hFE（NPN）　　　hFE（PNP）

二、技能实训

1. 实训内容

用万用表检测半导体三极管。

2. 实训目的

（1）学会各种常用三极管的识别;

（2）学会识读三极管的外观标识,明确三极管的类型或管脚、材料和基本用途。

（3）用万用表检测三极管,能判别三极管的类型、引脚,能粗略判断三极管性能的好坏,能粗略估计三极管 β 值的高低。

3. 实训器材

实训器材见表 2.8。

表 2.8　实训器材

器材名称	数量	说　明
指针式万用表	1 只	
台式数字万用表	1 台	
三极管	15 只	包括塑封装、金属封装;大功率、中功率、小功率;NPN,PNP;低频管、高频管;电源管、功放对管、行管等类型

4. 实训步骤

（1）对各个三极管的外观标识进行识读,并将识读结果填入表 2.9 中。

（2）用万用表分别对各三极管进行检测,判断其管脚、β 值和性能好坏,将测量结果填入表 2.9 中。

表 2.9　三极管识别与检测技能训练表

编号	外表标志内容	封装类型	判断结果		根据万用表测试结果画图示意三极管引脚排列	使用台式数字万用表测量 β 值	性能好坏的鉴别
			极型类型	材料			
1							
2							
3							

编号	外表标志内容	封装类型	判断结果		根据万用表测试结果画图示意三极管引脚排列	使用台式数字万用表测量 β 值	性能好坏的鉴别
			极型类型	材料			
4							
5							
6							
7							
8							
9							
10							
11							
12							
13							
14							
15							

5. 成绩评定

表 2.10　成绩评定表　　　　　　　　　学生姓名_____

评定类别		评定内容	得分
实训态度(10 分)		态度好、认真 10 分,较好、较认真 7 分,态度差 0 分	
万用表的使用(5 分)		正确 5 分,有不安全的行为酌情扣分	
职业素养培养(10 分)		万用表损坏扣 2 分,丢失或损坏一个元件扣 1 分,扣完为止	
实训步骤	外观识别(30 分)	能根据外观标识判别一个三极管极性给 1 分,能判别一个三极管封装形式和能判别一个三极管构成材料类型给 10 分	
	万用表检测(30 分)	正确判别一个三极管的 3 个引脚给 2 分	
	好坏鉴别(15 分)	鉴别正确一个给 1 分	
总分			

思考与习题二

1. 三极管有哪几个主要参数?

2. 如何通过指针式万用表和数字式万用表判别三极管的极性与引脚分布?

3. 如何通过指针式万用表判断三极管性能的好坏?

4. 如何通过台式数字万用表测量三极管的 β 近似值?

实训三　半导体集成电路的识读与检测

一、知识准备

1. 集成电路的型号命名方法

集成电路的型号由五部分组成,其符号及意义如表 3.1 所示。

表 3.1　集成电路的型号

第一部分		第二部分		第三部分	第四部分		第五部分	
用字母表示器件符合国家标准		用字母表示器件类型		用阿拉伯数字表示器件的系列和品种代号	用字母表示器件的工作温度范围		用字母表示器件的封装	
符号	意　义	符号	意　义		符号	意　义	符号	意　义
C	中国制造	T	TTL		C	0～70 ℃	W	陶瓷封装
		H	HTL		E	−40～85 ℃	B	塑料扁平
		E	ECL		R	−55～85 ℃	F	全密封扁平
		C	CMOS		M	−55～125 ℃	D	陶瓷直插
		F	线性放大器				P	塑料直插
		D	音响、电视电路				J	黑陶瓷直插
		W	稳压器				K	金属菱形
		J	接口电路				T	金属圆形
		B	非线性电路					
		M	存储器					
		μ	微型机电路					

（1）肖特基 TTL 双 4 输入与非门

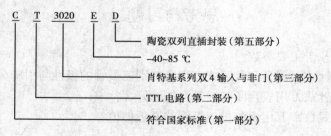

CT 3020 ED
陶瓷双列直插封装（第五部分）
−40~85 ℃
肖特基系列双 4 输入与非门（第三部分）
TTL 电路（第二部分）
符合国家标准（第一部分）

（2）CMOS 八选一数据选择器(3S)

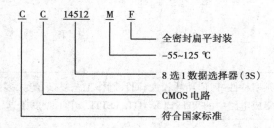

C　C　14512　M　F

- 全密封扁平封装
- −55~125 ℃
- 8 选 1 数据选择器（3S）
- CMOS 电路
- 符合国家标准

2.集成电路的种类

在电子行业,集成电路的应用非常广泛,每年有许许多多通用或专用的集成电路被研发与生产出来,集成电路的种类如表3.2所示。

表3.2　集成电路的种类

集成电路分类标准	类别	说明
按功能分	模拟集成电路	用来产生、放大和处理各种模拟电信号。人对着话筒讲话,话筒输出的音频电信号就是模拟信号,收音机、收录机、音响设备及电视机中接收、放大的音频信号、电视信号,也是模拟信号
	数字集成电路	用来产生、放大和处理各种数字电信号。例如,电报电码信号,按一下电键,产生一个电信号,而产生的电信号是不连续的。这种不连续的电信号,一般叫做电脉冲或脉冲信号,计算机中运行的信号是脉冲信号,但这些脉冲信号均代表着确切的数字,因而又叫作数字信号。在电子技术中,通常又把模拟信号以外的非连续变化的信号,统称为数字信号
按制作工艺分	半导体集成电路	半导体集成电路是采用半导体工艺技术,在硅基片上制作包括电阻、电容、三极管、二极管等元器件,并具有某种电路功能的集成电路
	膜集成电路	膜集成电路是在玻璃或陶瓷片等绝缘物体上,以"膜"的形式制作电阻、电容等无源器件。无源元件的数值范围可以做得很宽,精度可以做得很高。但目前的技术水平尚无法用"膜"的形式制作晶体二极管、三极管等有源器件,因而使膜集成电路的应用范围受到很大的限制。根据膜的厚薄不同,膜集成电路又分为厚膜集成电路(膜厚为 1 ~10 μm)和薄膜集成电路(膜厚为 1 μm 以下)两种
	混合集成电路	在实际应用中,多半是在无源膜电路上外加半导体集成电路或分立元件的二极管、三极管等有源器件,使之构成一个整体,即为混合集成电路
按集成度高低分	小规模集成电路	对模拟集成电路,由于工艺要求较高、电路又较复杂,所以一般认为集成50个以下元器件为小规模集成电路;对数字集成电路,一般认为集成 1 ~10 等效门/片或 10 ~100 个元件/片为小规模集成电路
	中规模集成电路	集成 10 ~100 个等效门/片或 100 ~1 000 元件/片为中规模集成电路
	大规模集成电路	集成 50 ~100 个元器件为中规模集成电路,集成 100 个以上的元器件为大规模集成电路
	超大规模集成电路	集成 10 000 个以上等效门/片或 100 000 个以上元件/片为超大规模集成电路

续表

集成电路分类标准	类别	说明
按导电类型分	双极型集成电路	频率特性好,但功耗较大,而且制作工艺复杂,绝大多数模拟集成电路以及数字集成电路中的 TTL、ECL、HTL、LSTTL、STTL 型属于这一类
	单极型集成电路	工作速度低,但输入阻抗高、功耗小、制作工艺简单、易于大规模集成,其主要产品为 MOS 型集成电路。MOS 电路又分为 NMOS,PMOS,CMOS 型
专用集成电路	集成运算放大器	集成运算放大器是一种高增益的直接耦合放大器,它通常由输入极、中间放大极和输出极三个基本部分构成。它的放大倍数取决于外接反馈电阻,这给使用带来很大方便。如,低噪声运算放大器 F5037,XFC88
	稳压集成电路	电路形式大多采用串联稳压方式。集成稳压器与分立元件稳压器相比,体积小、性能稳定、使用简便可靠。集成稳压器的种类有多端可调式、三端可调式、三端固定式及单片开关式集成稳压器。三端可调式输出集成稳压器精度高,输出电压纹波小,一般输出电压为 1.25～35 V 或 1.25～35 V 连续可调。其型号有 W117,W138,LM317,LM138,LMI96 等型号 三端固定输出集成稳压器是一种串联调整式稳压器,其电路只有输入、输出和公共 3 个引出端,使用方便。其型号有 W78 正电压系列、W79 负电压系列 开关式集成稳压器是一种新的稳压电源,其工作原理不同上述三种类型,它是由直流变交流再变直流的变换器,输出电压可调,效率很高。其型号有 AN5900,HA17524 等型号,广泛用于电视机、电子仪器等设备中
	音响集成电路	音响集成电路随着收音机、收录机、组合音响设备的发展而不断开发。对音响电路要求多功能、大功率和高保真度。比如一块单片收音机、录音机电路,就必须具有变频、检波。中放、低放、AGC、功放和稳压等电路。音响集成电路工艺技术不断发展,采用数字传输和处理,使音响系统的各项电声指标不断提高。比如,脉冲码调制录音机、CD 唱机,能使信噪比和立体声分离度切变好,失真度减到最小
	电视集成电路	电视机采用的集成电路种类繁多,型号也不统一,但有趋向单片机和双片机的高集成化发展。用于电视机的集成电路,如:伴音系统集成电路 μPC1053;行场扫描集成电路 D7609P,TA7609P,μPC1031Hz 等型号;图像中放、视放集成电路 D1366C,SF1366,μPC1366 等
	CMOS 集成电路	在一些小家电中,CMOS 集成电路用得比较广泛。CMOS 电路的结构、制作工艺不同于 TTL 电路,CMOS 集成电路的功耗很低。一般小规模 CMOS 集成电路的静态平均功耗小于 10 μW,是各类实用电路中功耗最低的。比如,TTL 集成电路的平均功耗为 10 mW 是 CMOS 电路的 10 倍。但 CMOS 集成电路的动态功耗随工作频率的升高而增大 CMOS 电路的类型很多,但最常用的是门电路。CMOS 电路中的逻辑门有非门、与门、与非门、或非门、或门、异或门、异或非门,施密特触发门、缓冲器、驱动器等

3. 集成电路的识别

（1）集成电路的常见外形

集成电路的常见外形见表3.3。

表3.3 集成电路的常见外形

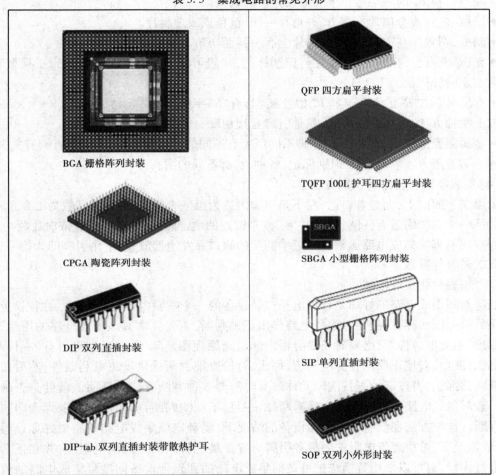

BGA 栅格阵列封装

QFP 四方扁平封装

TQFP 100L 护耳四方扁平封装

CPGA 陶瓷阵列封装

SBGA 小型栅格阵列封装

DIP 双列直插封装

SIP 单列直插封装

DIP-tab 双列直插封装带散热护耳

SOP 双列小外形封装

（2）集成电路的主要参数

集成电路的主要参数有电源电压、耗散功率、工作环境温度等，如表3.4所示。

表3.4 集成电路的主要参数

主要参数	说 明
电源电压	指集成电路正常工作时所需的工作电压。通常，模拟集成电路的电源电压用"V_{CC}"表示，数字集成电路的正电源电压用"V_{DD}"表示，负电源电压用"V_{EE}"表示
耗散功率	指集成电路在标称的电源电压及允许的工作环境温度范围内正常工作时所输出的最大功率
工作环境温度	指集成电路能正常工作的环境温度极限值或温度范围

19

（3）集成电路的引脚分布规律

各种不同的集成电路引脚有不同的识别标记和不同的识别方法,掌握这些标记及识别方法,对于使用、选购、维修测试极为重要。

- 缺口　在 IC 的一端有一半圆形或方形的缺口。
- 凹坑、色点或金属片　在 IC 一角有一凹坑、色点或金属片。
- 斜面、切角　在 IC 一角或散热片上有一斜面切角。
- 无识别标记　在整个 IC 无任何识别标记,一般可将 IC 型号面面对自己,正视型号,从左下向右逆时针依次为 1,2,3,…。
- 有反向标志"R"的 IC　某些 IC 型号末尾标有"R"字样,如 HA××××A,HA××××AR。

以上两种 IC 的电气性能一样,只是引脚互相相反。

- 金属圆壳形 IC　此类 IC 的管脚不同厂家有不同的排列顺序,使用前应查阅有关资料。
- 三端稳压 IC　一般都无识别标记,各种 IC 有不同的引脚。

（4）集成电路引脚排列识别方法

①以文字面向上,面对着自己,左下角引脚附近为第一个脚,然后逆时针数为 1,2,3,…。

②第一个引脚附近有一圆点标记"•"或一圆点凹坑,然后仍然按逆时针依次数数。

③双列引脚的集成电路通常有一近半圆型的缺口靠左边摆放,左下角引脚即为第一引脚,然后依次逆时针数数。

4.万用表检测集成电路

准确判断集成电路的好坏是修理电子产品设备的一个重要内容,判断不准,往往换上新集成电路后故障依然存在,故要对集成电路作出正确判断,首先要掌握该集成电路的用途、内部结构原理、主要电特性等,必要时还要分析内部电路原理图。除了这些,如果再有各引脚对地直流电压、波形、对地正反向直流电阻值,那么,对检查前判断提供了更有利条件;然后按故障现象判断其部位,再按部位查找故障元件。有时需要多种判断方法去证明该器件是否确属损坏。一般对集成电路的检查判断方法有两种:一是,不在线判断,即集成电路未焊入印刷电路板的判断。这种方法在没有专用仪器设备的情况下,要确定该集成电路的质量好坏是很困难的,一般情况下,可用直流电阻法测量各引脚对应于接地脚间的正反向电阻值,并和正常集成电路进行比较,也可以采用替换法把可疑的集成电路插到正常设备同型号集成电路的位置上来确定其好坏。当然,如有条件可利用集成电路测试仪对主要参数进行定量检验,这样使用就更有保证。二是,在线检查判断,即集成电路连接在印刷电路板上的判断方法。在线判断是检修集成电路最实用的方法。

（1）测量集成电路各引脚电压

电压测量法主要是测出各引脚对地的直流工作电压值,然后与标称值相比较,依此来判断集成电路的好坏。用电压测量法来判断集成电路的好坏是检修中最常采用的方法之一,但要注意区别非故障性的电压误差。测量集成电路各引脚的直流工作电压时,如遇到个别引脚的电压与原理图或维修技术资料中所标电压值不符,不要急于断定集成电路已损坏,应该先根据表 3.5 所示的因素来分析判定。

表3.5　电压法判定集成电路好坏的标准

判定标准	说　明
①所提供的标称电压是否可靠	应多查资料,同时应该学会分析计算标称电压
②要区别所提供的标称电压的性质	要能够区分电压是属哪种工作状态的电压
③要注意由于外围电路可变元件引起的引脚电压变化	当测量出的电压与标称电压不符时,可能因为个别引脚或与该引脚相关的外围电路,连接的是一个阻值可变的电位器或者是开关(如音量电位器、亮度、对比度、录像、快进、快倒、录放开关、音频调幅开关等)。这些电位器和开关所处的位置不同,引脚电压会有明显不同,所以当出现某一引脚电压不符时,要考虑引脚或该引脚相关联的电位器和开关的位置变化,可旋动或拨动开关看引脚电压能否在标称值附近
④要防止由于测量造成的误差	集成块的个别引脚有时会随着注入信号的不同而明显变化,要注意由于万用表表头内阻不同或直流电压档不同造成误差
⑤测得某一引脚电压与正常值不符时	应根据该引脚电压对IC正常工作有无重要影响以及其他引脚电压的相应变化进行分析,才能判断IC的好坏
⑥若IC各引脚电压正常或部分不正常	应学会判断好坏,电压完全正常则集成电路正常,如果电压部分不正常,应从偏离正常值最大处入手,检查外围元件有无故障,若无故障,则IC很可能损坏
⑦对于动态接收装置	要注意设备在不同工作方式下,IC各引脚电压也是不同的
⑧对于多种工作方式的装置	要注意某些设备在不同工作方式会有不同的电压

　　以上几点就是在集成块没有故障的情况下,由于某种原因而使所测结果与标称值不同,所以总的来说,在进行集成块直流电压或直流电阻测试时要规定一个测试条件,尤其是要作为实测经验数据记录时更要注意这一点。通常把各电位器旋到机械中间位置,信号源采用一定场强下的标准信号,当然,如能再记录各功能开关位置,那就更有代表性。如果排除以上几个因素后,所测的个别引脚电压还是不符标称值时,需进一步分析原因,但不外乎两种可能。一是,集成电路本身故障引起;二是,集成块外围电路造成。分辨出这两种故障源,也是修理集成电路电子产品设备的关键。

　　(2)测量TTL系列集成电路各引脚与接地脚之间的电阻

　　判断集成电路的好坏还可以采用电阻测量法,如表3.6所示。

表 3.6　电阻测量法

电阻测量法种类	说　明
①在线直流电阻普测法	此方法是在发现引脚电压异常后,通过测试集成电路的外围元器件好坏来判定集成电路是否损坏。由于是断电情况下测定电阻值,因此比较安全,并可以在没有资料和数据且不必要了解其工作原理的情况下,对集成电路的外围电路进行在线检查,在相关的外围电路中,以快速的方法对外围元器件进行一次测量,以确定是否存在较明显的故障。具体操作是先用万用表 $R \times 10\ \Omega$ 挡分别测量二极管和三极管的正反向电阻值。此时由于欧姆挡位定得很低,外电路对测量数据的影响较小,可很明显地看出二极管、三极管的正反向电阻,尤其是 PN 结的正向电阻增大或短路更容易发现。其次可对电感是否开路进行普测,正常时电感两端阻值较大,那么即可断定电感开路。继而根据外围电路元件参数的不同,采用不同的欧姆挡位测量电容和电阻,检查有否较为明显的短路和开路性故障,从而排除由于外围电路引起个别引脚的电压变化
②在线直流电阻测量对比法	此方法是利用万用表测量待查集成电路各引脚对地正反向直流电阻值与正常数据进行对照来判断好坏。需要注意的是要交换表笔测试两次,即红表笔接地,黑表笔测试;黑表笔接地,红表笔测试。这一方法需要积累同一机型同型号集成电路的正常可靠数据,以便和待查数据相对比。 测量时要注意以下三点: a.测量前先断开电源,以免测试时损坏电表和元件。 b.万用表电阻挡的内部电压不得大于 6 V,量程最好用 $R \times 100$ 或 $R \times 1\ \mathrm{k}$ 挡。 c.测量 IC 引脚参数时,要注意测量条件,如,被测机型与 IC 相关的电位器的滑动臂位置等,还要考虑外围电路元件的好坏
③非在线数据与在线数据对比法	所谓非在线数据是指集成电路未与外围电路连接时,所测得的各引脚对应于地脚的正反向电阻值。非在线数据通用性强,可以对不同机型、不同电路、相同集成电路型号的电路作对比。具体测量对比方法如下:首先应把被查集成电路的接地脚用空心针头和铬铁使之与印刷电路板脱离,再对应于某一怀疑引脚进行测量对比。如果被怀疑引脚有较小阻值电阻连接于地或电源之间,为了不影响被测数据,该引脚也可与印刷板开路。直至外电路的阻值不影响被测集成电路的电阻值为止。但要注意一点,直流电阻测量对比法对于不同批次同一型号的集成电路,有一定的误差和差异,对这种情况,要在了解内部结构的基础上,进行分析、判断

（3）三端集成稳压器的测试

在 78 ＊＊,79 ＊＊系列三端稳压器中,最常用的是 TO—220 和 TO—202 两种封装。这两种封装的图形、引脚序号及引脚功能如图 3.1 所示。

图中的引脚号的标注方法是按照引脚电位从高到低的顺序标注的,引脚 1 为最高电位,3 脚为最低电位,2 脚居中。从图中可以看出,不论 78 系列、还是 79 系列,2 脚均为输出端。对于 78 正压系列,输入是最高电位,为 1 脚,地端为最低电位,为 3 脚。对于 79 负压系列,输入为最低电位,自然是 3 脚,而地端为最高电位,为 1 脚,输出为中间电位,为 2 脚。此外,还应注意,散热片总是和最低电位的第 3 脚相连,这样在 78 系列中,散热片和地相连接,而在 79 系列中,散热片和输入端相连接。用万用表判断三端稳压器的方法与集成电路的电阻测试方法相同,可以测试地端、输入端、输出端的电阻值,然后与平常收集的正常值对照。

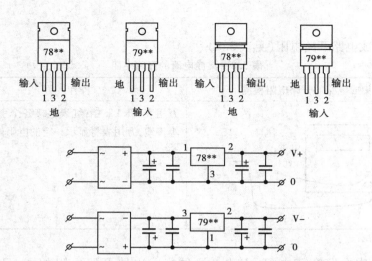

图 3.1　三端稳压器(78,79 系列)管脚序号判断

二、技能实训

1. 实训内容

用万用表检测集成电路。

2. 实训目的

(1)学会集成电路的引脚识别;

(2)学会在线电阻测量法;

(3)学会非在线电阻测量法并能够比较。

3. 实训器材

(1)集成电路 μPC1366,μPC1353;

(2)集成三端 78,79 系列稳压器;

(3)指针万用表。

4. 实训步骤

(1)集成电路的引脚识别(见表 3.7)

表 3.7　集成电路的引脚识别

DIP 双列直插封装	凹耳置于左边,左下角为第 1 脚,然后逆时针数数	SIP 单列直插封装	小圆点置于左边,引脚向下,左下角为第 1 脚,然后逆时针数数
DIP-tab 双列直插封装带散热护耳	凹耳或小圆点置于左边,左下角为第 1 脚,然后逆时针数数	SOP 双列小外形封装	小圆点置于左边,引脚向下,左下角为第 1 脚,然后逆时针数数

23

（2）测试集成电路开路电阻（见表3.8）

表 3.8　集成电路的开路电阻

集成电路的开路电阻检测	操作规程
	万用表 $R \times 1$ k 挡,红表笔接各个引脚,黑表笔接地,万用表将显示一定的电阻值

（3）测试集成电路在路电阻：方法与测试集成电路开路电阻相同,只是万用表选用 $R \times 1$ 挡。

（4）测试三端稳压7805,7905 的电阻值：方法与测试集成电路开路电阻相同。

5. 集成电路开路电阻测试值（见表3.9、表3.10）

表 3.9　集成电路开路电阻测试值

μpc1353	1	2	3	4	5	6	7	8	9	10	11	12	13	14
参考值	13	30	∞	15	13	14	11	14	0	12	9.5	9	10	10
实测值														
μpc1366	1	2	3	4	5	6	7	8	9	10	11	12	13	14
参考值	6.5	8	0	8	0	0	30	7.5	7	8	8	0	∞	0
实测值														

表 3.10　集成电路在线电阻测试值

μpc1353	1	2	3	4	5	6	7	8	9	10	11	12	13	14
参考值	5	5	8.5	11	4.5	12	9	8	10	7	15	15	13	13
实测值														
μpc1366	1	2	3	4	5	6	7	8	9	10	11	12	13	14
参考值	4.5	0	1	11	11	4.5	3.1	10	10	10	3.4	0	4.5	
实测值														

6. 成绩评定

表 3.11　成绩评定表　　　　　　　　学生姓名_____

评定类别		评定内容	得分
实训态度(10分)		态度好、认真 10 分,较好 7 分,差 0 分	
万用表使用(5分)		正确 5 分,有不正确的地方酌情扣分	
实训器材安全(10分)		万用表损坏扣 8 分,丢失或损坏集成电路扣 7 分,扣完为止	
实训步骤	集成电路识别(16分)	正确得 16 分,有操作不正确的地方酌情扣分 (1)DIP 识别结果 (2)DIP-tab 识别结果 (3)SIP 识别结果 (4)SOP 识别结果	
	开路电阻测量(20分)	正确得 20 分,有操作不正确的地方酌情扣分 (1)1366 测试结果 (2)1353 测试结果	
	在线电阻测量(20分)	正确得 20 分,有操作不正确的地方酌情扣分 (1)1366 测试结果 (2)1353 测试结果	
	三端稳压测量(19分)	正确得 19 分,有操作不正确的地方酌情扣分 (1)7805 测试结果 (2)7905 测试结果	
总分			

思考与习题三

1. 如何测试集成电路的在路电压?
2. 如何测试集成电路的在路电阻和开路电阻?
3. 如何判断集成电路的好坏?
4. 如何识别检测三端稳压的引脚及好坏?

实训四　常用传感器的识别与检测

一、知识准备

夜晚,当走进黑暗的楼梯间时,用手掌轻轻一拍,楼梯间的灯就亮了。这是为什么?

家里的电冰箱通电工作一段时间,使箱内温度降低到一定值时,电冰箱就自动断电停止工作,之后箱内温度会慢慢上升。当箱内温度升高到一定值时,电冰箱又自动恢复通电工作,为什么它能自动地循环往复地工作?

当走进较高档的公共厕所方便后去洗手时,只要将手伸到自动水龙头的出水口时,水就流出来了,当我们的手离开水龙头的出水口后,水就停止流出。这又是为什么?

你自己还能举出一些类似的例子吗?

通过本实训的学习将逐步解开这些迷。事实上,上述这些日常生活中的例子,有一个关键器件在发挥作用——传感器。

1.传感器及传感器的作用

(1)传感器的概念

人的身体动作是外界刺激,通过人体五官(视觉、听觉、嗅觉、味觉、触觉)接收来自外界的信息,并将这些信息传递给大脑,在大脑中将这些信息进行处理,然后传给肌体,如手、足等来执行某些动作,如图4.1所示。

图 4.1　靠人的感觉收集信息

假如希望用机器代替人完成这一过程,则发现大脑可与当今的电子计算机相当。肌体相当于机器的执行机构,五种感觉器官就相当于一个新的名称——传感器。例如,用手接触刚倒满开水的玻璃杯子时,感觉烫手,把这一信息传递给大脑,经大脑将这一信息处理后,会指挥手赶快离开杯子。否则手会被烫伤。这里手的肌肤具有感觉温度的功能,肌肤就相当于一个传感器。

在工业控制中,依照中华人民共和国国家标准(GB/T 7665—2005),传感器的定义为:能感受被测量并按照一定的规律转换成可用输出信号的器件或装置,通常由敏感元件和转换元件组成。简而言之,用于实现感觉功能的检测元件叫传感器。

(2)传感器的作用

传感器的作用就是将被测的非电量(物理量或化学量)形式的信号转换成便于检测的电信号,如图4.2所示。

在图4.2中输入传感器的非电量,可以是温度、湿度、压力、

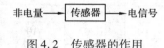

重量、位移、声音等物理量,也可以是浓度、透明度等化学量。传

图4.2　传感器的作用

感器输出的电信号可以是电压、电流、频率等。

传感器广泛应用于检测、自动化控制等方面,在微量检测和非破坏性检测以及遥测等领域起着非常重要的作用。如果将传感器和电子电路结合起来,可以促进科学技术的飞跃发展,并给人们带来巨大的经济效益。我国航天英雄杨利伟乘座的神舟五号载人飞船上就安装了成百上千个传感器,可以说,传感器技术是一些发达国家最重要的热门技术之一。自动化水平是衡量一个国家现代化水平的重要方面,而自动化水平是用传感器的种类、质量和数量来衡量的。

2.光敏传感器

能将光信号转换成电信号输出的传感器叫光敏传感器。最常见的有光敏电阻器、光敏二极管、光敏三极管、红外接收二极管等。

(1)光敏电阻

①结构与工作原理

在半导体光敏材料的两端装上电极引线,将其封在带有透明窗的管壳里就构成了光敏电阻。它在黑暗的环境下,电极两端具有很高的电阻值。但当受到光照射时,若光辐射能量足够大,电阻值会明显减小,导电性增强。

②外形及电路符号

常见的光敏电阻外形如图4.3(a)所示,其电路符号如图4.3(b)所示。

(a)光敏电阻外形　　(b)光敏电阻符号

图4.3　光敏电阻外形及符号

③主要参数及规格

•暗电阻:置于室温,全暗条件下测得的电阻值称为暗电阻,此时流过电阻的电流称为暗电流。

•亮电阻:置于室温和在一定光照条件下测得的电阻值称为亮电阻,此时流过电阻的电流称为亮电流。

•额定功率:指光敏电阻用于某种线路中所允许消耗的功率。当温度升高时,允许消耗的

功率会降低。

常用光敏电阻器的规格参数见表4.1所示。

表4.1 常用光敏电阻器的规格参数

型 号	额定功率 /mW	测量照度 /lx	亮阻 /kΩ	暗阻 /MΩ	响应时间 /ms	最高工作电压/V
625A	200	100	≤20	≥100	≤10	100
625B	300	100	≤250	≥10	≤10	200
621	10	100	≤250	≥100	≤10	80
227	50	200	≤250	≥100	≤10	80
RG201	100	200	≤100	≥100	≤40	100
RG202	100	200	≤80	≥100	≤40	100
RG203	100	200	≤100	≥100	≤40	100
MG41	100	100	≤100	≥50	≤20	100

（2）光敏二极管

①结构与工作原理

光敏二极管的结构与一般二极管相似,它的 PN 结装在管的顶部,且顶部管壳是透明的,可以直接受到光线照射。光敏二极管在电路中一般处于反向工作状态,如图4.4(c)所示,它既然是一个 PN 结,那么它具有 PN 结的单向导电性(正偏时导通,反偏时截止)。但也有它的特殊性,在无光照时,光敏二极管的反向电阻很大,反向电流很小,这个反向电流也叫暗电流。当有光照射光敏二极管时,反向电阻减小,电流增大。该电流流经负载,产生输出电压 U_0,从而实现了光信号到电信号的转换。

②外形及电路符号

常见的光敏二极管的外形如图4.4(b)所示,电路符号如图4.4(a)所示。

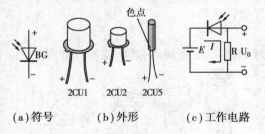

(a)符号　　　(b)外形　　　(c)工作电路

图4.4　光敏二极管的符号、外形及工作电路

③主要参数规格

• 最高工作电压(V_{RM})

指在无光照条件下,反向漏电流不超过一定值时(一般不超过 0.1 μA)所能承受的最高反向工作电压,此值越高,光敏二极管性能越好。

• 暗电流(I_D)

指光敏二极管在无光照时和最高工作电压下通过光敏二极管 PN 结的反向漏电流,此值越小,光敏二极管性能越好。

• 光电流(I_L)

指光敏二极管在最高工作电压下受一定光照时所产生的电流,一般希望此值越大越好。

常见光敏二极管的规格参数如表4.2所示。

表4.2 常用光敏二极管规格参数

光电参数　　型号	V_{RM} /V $I_R = I_D$	I_D /μA 无光照时 $V = V_{RM}$	I_L /μA 照度 $H = 100$ lx $V = V_{RM}$	λ_P /μm
2CU1A	10			
2CU1B	20			
2CU1C	30	≤0.2	≥80	
2CU1D	40			
2CU1E	50			
2CU2A	10			0.88
2CU2B	20			
2CU2C	30	≤0.1	≥30	
2CU2D	40			
2CU2E	50			
2CU5	12	≤0.1	≥5	

(3)光敏三极管

①结构与工作原理

光敏三极管是在光敏二极管的基础上发展起来的光敏器件。由于其本身有放大功能,因此灵敏度比光敏二极管更高。光敏三极管有两个 PN 结,分 PNP 型和 NPN 型两种。结构如图4.5(a)所示,用管壳将两个 PN 结封起来,顶部透明,可以直接受光线照射,它有三个电极,即基极 b、发射极 e、集电极 c。光敏三极管的工作原理是由光敏二极管与普通三极管的工作原理组合而成。其等效电路如图4.5(b)所示。当有光照射时,流过光敏二极管的反向电流 I_L 增大,在光敏三极管的集电极得到放大了 β 倍的电流 βI_L。

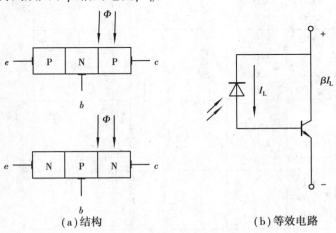

(a)结构　　　　　　　　(b)等效电路

图4.5 光敏三极管的结构与等效电路

29

②外形及电路符号

因为光敏三极管基极输入的是光信号,所以通常光敏三极管只有两个管脚,即发射极 e 和集电极 c(也有三个管脚的)。常见光敏三极管的外形及电路符号如图4.6所示。

图 4.6　光敏三极管外形及电路符号

③主要参数及规格

- P_{CM}:指光敏三极管的最大允许功耗。
- $V_{(RM)CE}$:指光敏三极管的最高工作电压。
- I_D(暗电流):指无光照时在最高工作电压下的漏电流。
- I_L(光电流):指在一定光照下,在最高工作电压下的漏电流。
- h_{FE}:光敏三极管的直流放大系数。

在使用时,不同型号的光敏三极管的规格参数是有差异的。常见光敏三极管的规格参数如表4.3所示。

表 4.3　常见光敏三极管的规格参数

光电参数 型号	$V_{(RM)CE}$ /V $I_{CE}=I_D$	I_D /μA 无光照时 $V=V_{(RM)CE}$	I_L /μA 照度 $H=1000$ lx $V_{CE}=10$ V	照度 $H=100$ lx $V_{CE}=10$ V	λ_P /μm	P_{CM} /mW
3DU51	≥10	≤0.2	≥0.5			
3DU52	≥30	≤0.2	≥0.5			
3DU53	≥50	≤0.2	≥0.5	≥80		30
3DU54	≥30	≤0.2	≥0.5			
3DU55	≥30	≤0.5	≥0.5			
3DU11	≥10	≤0.3				30
3DU12	≥30	≤0.3	0.5~1	≥30		50
3DU13	≥50	≤0.3				100
3DU14	≥100	≤0.2				100
3DU21	≥10	≤0.3				30
3DU22	≥30	≤0.3	1~2		0.8800	50
3DU23	≥50	≤0.3				100
3DU24	≥100	≤0.2				100
3DU31	≥10					30
3DU32	≥30	≤0.3	≥2			50
3DU33	≥50					100
3DU42				≥4		
3DU62	≥45	≤0.1		≥6		100
3DU83				≥8		

（4）光敏传感器应用举例

下面介绍一种简易的光控自动照明灯，当夜幕来临时，电灯会自动点亮，而白天电灯会自动熄灭。此电路可用来控制路灯。

光控自动照明灯的电路如图 4.7 所示，晶闸管 *VS*（也叫可控硅）与电灯（可用 220 V 普通白炽灯）*H* 构成主回路，控制回路由电阻 *R* 与光敏电阻 R_G 组成的分压器以及二极管 *VD* 构成。白天的自然光线较强，光敏电阻 R_G 呈现低阻，与 *R* 分压后使晶闸管 *VS* 的控制极处于低电平，晶闸管 *VS* 关断，灯 *H* 不亮。当夜幕降临时，照射在 R_G 上的自然光线较弱，R_G 呈现高电阻，使 *VS* 控制极处于高电平，*VS* 因获得正向触发电压而导通，灯 *H* 点亮。改变电阻 *R* 的阻值，即改变其与 R_G 的分压比，可以调整电路的起控点，使电灯在合适的光照度下开始点亮发光。

此外本电路还具有软启动功能。因为当夜幕降临时，自然光线是逐步变弱的，所以光敏电阻 R_G 的阻值逐渐变大，*VS* 的控制极电平逐渐升高。也就是说，晶闸管 *VS* 由阻断态变为导通态要经历微导通与弱导通阶段，即电灯 *H* 有一个逐渐变亮的软启动过程。

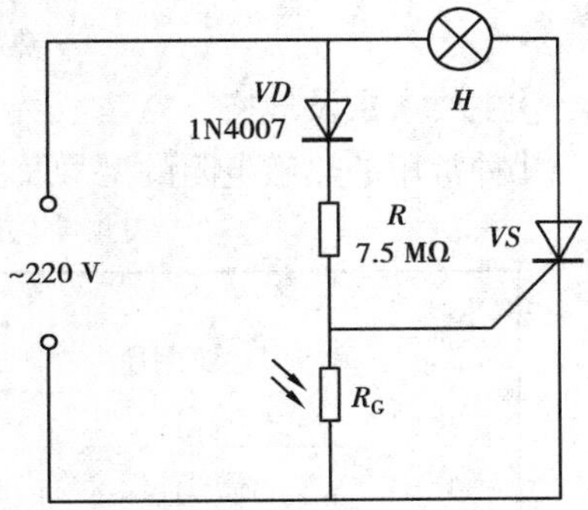

在制作其电路时要注意有关元件的选择，二极管 *VD* 选用的型号为 1N4007，*R* 最好用电位器或可调电阻，以方便调试 *VS* 的起控点。R_G 选用暗电阻大于 1 MΩ，亮电阻小于 10 kΩ 的光敏电阻，*VS* 选用 MCR100—8 型单向可控硅。

图 4.7 光控的照明灯电路

3.热敏传感器

对温度敏感，用来检测温度的传感器叫热敏传感器。热敏传感器在工业控制以及日常生活中应用都非常广泛，如家用电器中的电冰箱、空调、电暖器、电饭煲等均会用到，是与我们关系最为密切的传感器之一，常用的热敏传感器有热电偶、热敏电阻、热电阻、双金属片等几种。这里只介绍热敏电阻和双金属片两种热敏传感器。

（1）热敏电阻

①工作原理

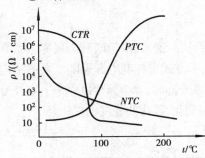

图 4.8 三种热敏电阻的特性曲线

热敏电阻是利用电阻值随温度的变化而变化的原理制成的。一般按温度系数可分为三类：即负温度系数热敏电阻（*NTC*）、正温度系数热敏电阻（*PTC*）和临界温度系数热敏电阻（*CTR*）。这三类热敏电阻的电阻率 ρ 与温度 t 的变化曲线如图 4.8 所示。从图中可以看出这些曲线都是呈非线性变化的。

从图 4.8 中可以看出：负温度系数热敏电阻（*NTC*）的电阻值随温度的增加而变小，且随着温度的不断增加，其电阻值将越来越小。正温度系数热敏电阻（*PTC*）的电阻值随温度的增加而迅速变大（一定范围内）。临界温度系数热敏电阻（*CTR*）的电阻值随温度的增加而急剧变小，具有明显的开关特性，所以 *CTR* 热敏电阻一般不用做测温元件，而用做开关控制元件。

31

②外形及电路符号

热敏电阻可根据使用要求封装加工成各种形状,如珠状、片状、杆状、锥状、针状等。外形及电路符号如图4.9所示。

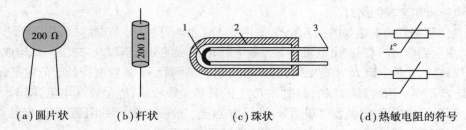

（a）圆片状　　　　（b）杆状　　　　（c）珠状　　　　（d）热敏电阻的符号

图4.9　热敏电阻

1—热敏电阻;2—玻璃外壳;3—引出出脚

③主要参数及规格

几种常用的热敏电阻的型号及主要参数如表4.4所示。

表4.4　几种常用的热敏电阻的型号及主要参数

型　号	主要用途	主要电参数			电阻体形状及形式
		25℃标称阻值/kΩ	额定功率/W	时间常数/s	
MF-11	温度补偿	0.01 ~ 15	0.5	≤60	片状、直热
MF-13	测温、控温	0.82 ~ 300	0.25	≤85	杆状、直热
MF-16	温度补偿	10 ~ 1 000	0.5	≤115	杆状、直热
RRC2	测温、控温	6.8 ~ 1 000	0.4	≤20	杆状、直热
RRC7B	测温、控温	3 ~ 100	0.03	≤0.5	珠状、直热
RRW2	稳定振幅	6.8 ~ 500	0.03	≤0.5	珠状、直热

(2)双金属片热敏传感器

①工作原理

将两种热膨胀系数不同的金属片贴合在一起,当温度升高到某一值时,由于两种金属膨胀系数不同而产生内应力,结果使双金属片发生弯曲变形,利用这种变形方式来控制电源通断。它的结构如图4.10所示。图4.10(a)中金属片 B 比 A 膨胀系数大,当温度升高时,双金属片由原来平直外形将变为翘曲的圆弧形;图4.10(b),(c)说明双金属片的厚薄长短变化,其弯曲程度也变化。

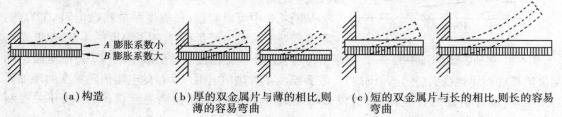

（a）构造　　　（b）厚的双金属片与薄的相比,则薄的容易弯曲　　　（c）短的双金属片与长的相比,则长的容易弯曲

图4.10　双金属片的构造与弯曲特点

在双金属片受热后弯曲的位置上接电气开关触点,利用双金属片受热变形来实现电路的接通或断开,从而把温度的变化转换成电路控制信号,图4.11和图4.12分别表示常闭和常开触点型双金属片控制原理。

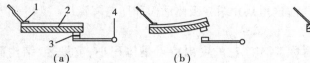

图4.11　常闭触点型双金属片控制原理　　　　图4.12　常开触点型双金属片控制原理

1—电接头;2—双金属片;

3—常闭触点;4—电接头

②外形结构及工作过程

电冰箱压缩机温度保护继电器内部的感温元件是一片碟形的双金属片,如图4.13(a),(b)所示,由图4.13(c),(d)可以看出在双金属片上固定着两个动触头。正常时,这两个动触头与固定的两个静触头组成两个常闭触点,在碟形双金属片的下面还安放着一根电热丝,该电热丝与这两个常闭触点串联连接,整个保护继电器只有两根引出线,在电路中,它与压缩机电动机的主电路串联,流过压缩机电动机的电流必须流过它的常闭触点和电热丝。压缩机正常工作时,也有电流流过电热丝,但因电流较小,电热丝发出的热量不能使双金属片弯曲上翘翻转,所以常闭触点维持闭合状态,如图4.13(c)所示。如果由于某种原因使压缩机电动机中的电流过大时,这一大电流流过电热丝后,使它很快发热,放出的热量使碟形双金属片温度升高到它的工作温度,双金属片翻转,带动常闭触点断开,切断压缩机电动机的电源,保护压缩机不至于损坏,如图4.13(d)所示。

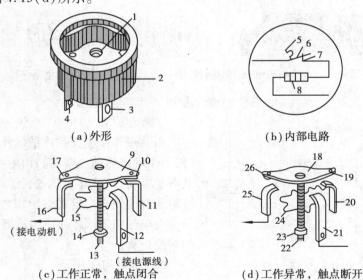

(a)外形　　　　　　　　　　　　　(b)内部电路

(c)工作正常,触点闭合　　　　　　(d)工作异常,触点断开

图4.13　双金属片热敏传感器工作过程

1,5,9,18—碟形双金属片;2—外壳;3,12,21—金属板3;4,16,25—金属板2;

6—动触头;7—静触头;8,15,24—电热丝;10,19—触点1;11,20—金属板1;

13,22—调节螺钉;14,23—锁紧螺母;17,26—触点2

可以走访家用电器维修店,请工人师傅介绍和实际观察热敏传感器在电冰箱、电饭煲等家

用电器中的应用,重点观察电冰箱压缩机工作与停止制冷过程中热敏传感器的作用。

4.声敏传感器

将声音信号转变为电信号输出的传感器叫声敏传感器。声敏传感器很常见。有动圈式话筒、电容式话筒、驻极体话筒、压电陶瓷片等,这里只介绍驻极体话筒和压电陶瓷片。

(1)驻极体话筒

驻极体话筒又称驻极体电容话筒,简称 ECM。它的突出特点是体积小、重量轻、结构简单、使用方便、频率特性好、灵敏度高、声音柔和、输出信号电平大,因而得到广泛应用。

①结构、外形和电路符号

驻极体话筒的内、外部结构、外形及电路符号如图4.14所示。它主要由驻极体振膜、背极以及场效应管等构成,它的声—电换能部分是由一片一面敷有金属的驻极体薄膜与一个开有若干个小孔的金属电极(也称为背极)构成的,这实际上是一个以空气隙和驻极体作为绝缘介质,以背极和驻极体上的金属层作为两个电极的介质电容器。场效应晶体管起阻抗变换作用。

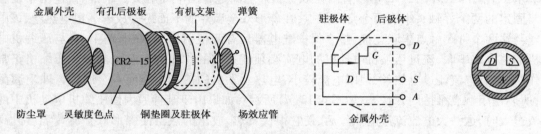

(a)话筒的内、外部结构,不带有阻抗转换器

(b)话筒的外形,铝金属壳内带有阻抗转换器

(c)话筒的电路符号

图4.14 驻极体话筒的结构、外形及电路符号

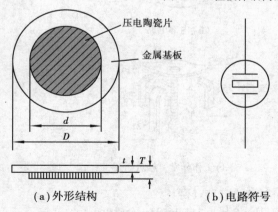

(a)外形结构　(b)电路符号

图4.15 压电陶瓷片的结构及电路符号

②工作原理

当驻极体薄膜受到声波的作用而产生振动时,由于驻极体薄膜带有自由电荷,电容两极间就有了电荷量,这样也就改变了静态电容值,电容量的改变使电容器的输出端之间产生了相应的交变电压(或电流)信号,从而完成了声—电的转换过程。

(2)压电陶瓷片

①结构及电路符号

压电陶瓷片主要是由锆、钛、铅的氧化物以及少量稀有金属经配制后烧结而制成。它是在陶瓷片的两面制作银电极,经极化、老化后,用环氧树脂把它跟不锈铜(或黄铜片)粘贴在一起而制成。即它是将直径为 d 的压电陶瓷片与

直径为 D（通常为 15～40 mm）的金属振动片复合而成。其外形结构及电路符号如图 4.15 所示。

②工作原理

当在压电陶瓷片两面上加振荡电压(音频电压)时,交变的电信号会使压电陶瓷片带动金属片一起产生机械振动,并随此发出声音;另一方面,当压电陶瓷片受到机械振动时,片上就会产生一定数量的电荷,这样从其电极上可输出电压信号,这叫压电效应。由此看出,压电陶瓷片可实现声信号和电信号的相互转换。

（3）声敏传感器应用举例

图 4.16 所示为音乐彩灯控制器的电路图,该电路简单,效果好,适合学生制作。图中 220 V 交流电经彩灯串 H 和二极管 $V_{D1}～V_{D4}$ 桥式整流后变为约 300 V 的脉动电压。该电压分成两路,一路加在可控硅 VS 的两端,另一路经 R_1 降压限流后点亮发光二极管 LED。LED 有两个作用:一是作为电源指示灯;二是利用其正向压降可获得 1.6 V 的直流电压,该电压经 C_1 滤波后作为三极管 V 的工作电压。

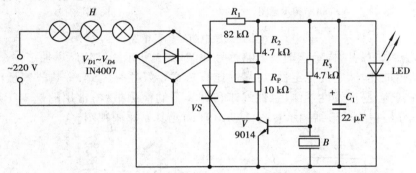

图 4.16　声控音乐彩灯控制器电路

R_P 为声控灵敏度调节电位器,当环境无音乐声时,调整 R_P 使三极管 V 正好处于临界饱和状态,这时 VS 的门极被 V 短接而无法获得触发电压,VS 处于关断,流过彩灯串的电流极微弱,彩灯串 H 不亮。当有人打开音响设备播放音乐时,压电陶瓷片 B 会拾取声波信号,并将其转换成音频电压加在 V 的发射结上。使三极管 V 由导通状态进入放大状态,故 V 的集电极电压升高。音乐信号越强,该电压就越高。当 V 集电极电压高至晶闸管(可控硅)VS 门极触发电压时,VS 开通,彩灯串 H 点亮发光。若音乐信号较弱,则 V 集电极电压低于可控硅门极触发电压,可控硅关断,彩灯串 H 熄灭。

5.气敏传感器

能将检测到的气体的成分、浓度变化转换为电阻值(电压、电流)变化的传感器叫气敏传感器。气敏传感器实际上是气敏电阻。它利用半导体材料吸附气体后引起自身性质发生变化,从而感知到被测气体的信息,完成气—电转换。它主要用于对可燃性气体和有毒气体的检测、报警和监控等。

（1）气敏传感器的工作原理

气敏传感器是利用其阻值随被检测气体的浓度和成分的变化而变化的原理制成的。它是用半导体材料制成的,有 N 型和 P 型之分,N 型气敏电阻用的材料主要有二气化锡(SnO_2)、氧化锌(ZnO)、二氧化钛(TiO_2)等,它的阻值随被测气体的浓度增大而减小;P 型气敏电阻用的材料主要有二氧化镍(NiO_2)、氧化亚铜(Cu_2O_2)、二氧化钼(MoO_2)等,它的电阻值随被测气体的浓度增大而增大。

(2)气敏传感器的种类、结构及电路符号

根据使用要求的不同,气敏电阻可以做成各种不同的形状,例如,扁平形、球形、片形等。按其加热方式的不同,气敏电阻又可分为直热式和旁热式两种。

直热式气敏电阻的结构示意图及图形符号如图4.17所示。管芯由三部分组成:即 SnO_2 基本材料、加热丝、测量丝,它们都埋在基本材料内,工作时加热丝通电加热,测量丝测量元件的电阻值。

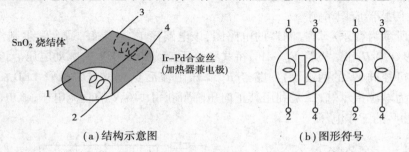

(a)结构示意图　　　　　　　　　(b)图形符号

图4.17　直热式气敏电阻结构及电路符号

旁热式气敏电阻的结构示意图及电路符号如图4.18所示。其管芯增加了一个陶瓷管,在管内放一个高阻加热丝,它的稳定性、可靠性比直热式要好些。因此,旁热式气敏电阻被广泛应用于可燃性气体、易挥发性气体、毒性气体和烟雾等的检测报警,常用的是 MQ 系列气敏电阻。图4.19(a)是它的外形结构示意图,图4.19(b)为其基座俯视图。

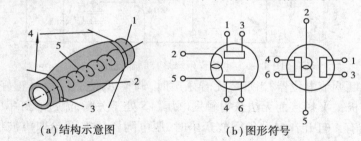

(a)结构示意图　　　　　　　　　(b)图形符号

图4.18　旁热式气敏电阻结构及电路符号

1—绝缘陶瓷管;2—SnO_2 烧结体;3—电极;4—引线;5—加热器

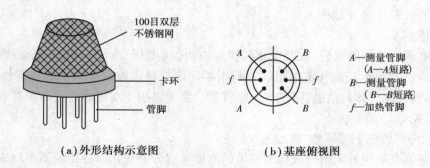

(a)外形结构示意图　　　　　　　　　(b)基座俯视图

图4.19　气敏电阻外形

（3）气敏传感器的主要性能参数

气敏电阻的型号很多,命名也各不相同,表4.5所示为MQ系列气敏电阻的主要性能参数。

表4.5　MQ系列气敏电阻的主要参数

型号	响应时间 /s	恢复时间 /s	加热极电压 /V	适用气体
MQ—2	≤10	≤30	5	可燃气体、烟雾
MQ—3	≤10	≤30	5	酒精
MQ—4	≤10	≤30	5	天然气
MQ—5	≤10	≤30	5	CO
MQ—6	≤10	≤30	5	液化气
MQ—7	≤30	≤60	5	CO

（4）应用举例

应用电路如图4.20所示,它是一个宾馆房间、会议厅等处的烟雾报警器电路图,整个电路由电源、检测及定时报警输出三部分组成。电源部分很简单,检测部分由烟雾传感器和R_{P1}组成。定时报警输出部分由运算放大器IC和周围的元件组成,IC的供电由7 810输出10 V电压供给。

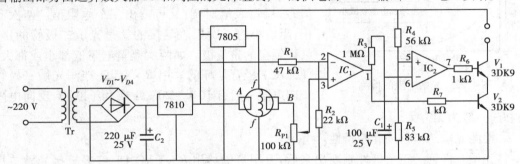

图4.20　烟雾报警器电路原理图

①电路的工作原理

烟雾传感器A,B之间的电阻在常态下为几十千欧,当有足够的烟雾时阻值降为几千欧,$IC_1$3脚由R_{P1}分压获得的电压随之增大、IC_1比较器迅速翻转输出高电平使V_2导通（IC_2在IC_1翻转之前输出的是高电平,V_1也是导通的）,因此,输出端便可输出报警信号。输出端可接蜂鸣器或发光器件报警。IC_1翻转后,由R_3,C_1组成的定时器开始工作,当C_1充电达到阈值时,IC_2翻转,V_1截止,输出的报警信号被关断。烟雾消失后,比较器复位,C_1通过IC_1放电。

②元器件选择

烟雾传感器选用HQ—2气敏电阻;

IC选用LM324,其管脚排列如图4.21所示;

V_1,V_2选用3DK9晶体三极管;

其他元件按图配置,无特殊要求。

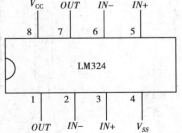

图4.21　集成块LM324管脚排列图

③制作与调试

只要安装无误,无需调试即可正常工作,R_3 的阻值大小可改变报警时间的长短,调节 R_{P1} 可改变报警器的灵敏度。在加电瞬间,气敏电阻可能会导通一下,需经 10 秒左右的初始稳定时间后才能正常工作。

6.用万用表检测传感器

(1)光敏电阻的检测

把万用表拨至 $R \times 1$ kΩ 挡,将光敏电阻的受光面朝下,并用手指抵住(不让光线照射,也可用牛皮纸将光敏电阻包上,引脚露出来),用万用表的两个表笔接触光敏电阻的两个电极,此时的电阻值较大;然后让光线照射光敏电阻的受光面(可用自然光,也可用手电筒光),并用表笔接触光敏电阻的两个电极。此时表针应明显向右偏转(电阻值减小),则说明光敏电阻的质量及性能良好,如图 4.22 所示。

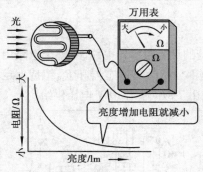

图4.22 光敏电阻的检测

(2)光敏二极管的检测

①判别光敏二极管的正、负极(管脚)

先用不透明的纸把光敏二极管包起来(只露出管脚)。把万用表拨至 $R \times 1$ kΩ 挡,用红、黑表笔分别接触光敏二极管的两个电极,此时读出万用表显示的电阻值,然后将表笔对调,又可读出一个电阻值。两次测量中,阻值小的一次黑表笔接的就是光敏二极管的正极,红表笔接的是负极。如两次测量电阻值都小或都大,则此光敏二极管是坏的。用 $R \times 1$ kΩ 挡测光敏二极管的正向电阻一般有 10 k ~ 20 kΩ 或几千欧姆,反向电阻越大越好,一般为无穷大。

②检测光敏二极管的光敏特性

将光敏二极管的正负极性判断出来后,万用表仍然用 $R \times 1$ kΩ 挡,红表笔接光敏二极管的正极,黑表笔接负极,此时的电阻为无穷大(为反向电阻),然后表笔不动,将包光敏二极管的纸去掉,并用手电筒光照射光敏二极管的透明窗口,此时表针应向右有明显的偏转,即受光线照射反向电阻应明显减小。表针偏转角度越大,说明此光敏二极管的灵敏度越高,如图 4.23 所示。如果被测光敏二极管受光线照射后,万用表指针不摆动,或者关掉光源后(同时用不透明的纸包住二极管)表针不恢复到近似无穷大,就说明该光敏二极管已经损坏,不可使用。

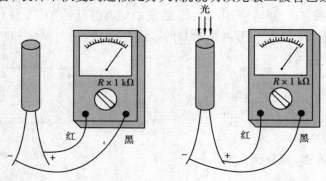

图4.23 光敏二极管的检测

（3）光敏三极管的检测

用不透明的纸将光敏三极管的受光面（一般在顶部）遮住，万用表拨到 $R \times 1$ kΩ 挡，用红、黑表笔分别接触光敏三极管的集电极和发射极，交换表笔再测一次，两次测量表针都几乎不动（阻值无穷大）。将遮挡受光面的纸去掉，并用手电筒光照射光敏三极管的受光面，再用万用表的红、黑表笔分别接触两电极，交换表笔再测一次，两次测量中，其中有一次表针应向右明显偏转，此时黑表笔接触的是光敏三极管的集电极，另一只管脚就是发射极，同时说明此光敏三极管是好的。表针偏转角度越大，说明光敏三极管的灵敏度越高。

（4）热敏电阻的检测

热敏电阻的检测非常简单，用万用表的欧姆挡，具体选用挡位视热敏电阻所标注的标称阻值而定，用万用表的红、黑表笔分别接触电阻的两根引脚，此时测出的是标称值，然后给热敏电阻加热（可用电吹风吹），再测其阻值的变化情况，若随温度的变化而变化，说明该热敏电阻是好的，如图4.24 所示。

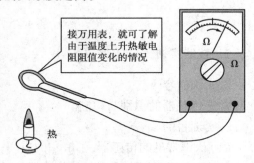

图 4.24　热敏电阻的检测

（5）驻极体话筒的检测

将万用表置于 $R \times 100$ Ω 或 $R \times 1$ kΩ 挡，红表笔接驻极体话筒的负极（外壳相连），黑表笔接话筒的正极。

①如果测得的阻值在 500~3 000 Ω 之间，说明话筒是好的；如果测得的阻值为无穷大，则说明话筒内部有开路故障；如果测得的阻值近似为0，说明话筒内部有短路故障。

②对话筒灵敏度的检测。正对话筒吹一口气，此时指针应有较大幅度的摆动，指针的摆动幅度越大，说明话筒的灵敏度越高；若指针不动，可交换表笔位置后重新测试，若表针还是不动，说明话筒已损坏。若在没吹气时指针出现游移不停的现象，说明话筒稳定性差，不宜继续使用。

（6）压电陶瓷片的检测

将万用表置于 $R \times 1$ kΩ 挡，万用表的两支表笔一支接内圆上的压电陶瓷，另一支接外圆边缘的金属振动片，此时的电阻值应为无穷大。

再将万用表拨至交流 2.5 V 挡，压电陶瓷片平放于木制桌面上，使压电陶瓷片的一面朝上，然后将红表笔接外圆边缘的金属振动片，黑表笔接内圆的压电陶瓷片，用手指适度用力将压电陶片往下压，然后放松，则万用表指针应先向右摆，再往回摆，最后回到零，说明压电陶瓷片性能良好。指针摆动的幅度越大，说明灵敏度越高。若将表笔交换，则指针摆动方向相反。如果上述操作中万用表指针不摆动，说明压电陶瓷片已损坏。

（7）气敏电阻的检测

以旁热式气敏电阻 MQ—3 为例来说明其检测方法，如图4.18（b）所示，它有 6 个引脚，2，5 为加热电极引脚，使用中一般将4,6和1,3脚分别并在一起，测量时首先给2,5脚接上 3~10 V 的直流电压（视具体型号而定）进行加热，然后将万用表的欧姆挡（具体挡位视情况而定），测量1,4脚之间的电阻值，再将酒精往气敏电阻上喷射，观察电阻值的变化，阻值变化量越大，说明灵敏度越好，如图 4.25 所示。

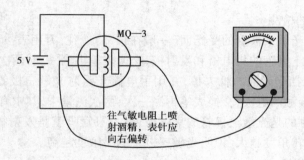

图 4.25　气敏电阻的检测

二、技能实训

1.实训内容

常见传感器的识别与检测。

2.实训目的

(1)认识常见的传感器,了解它的应用;

(2)学会用万用表检测各种传感器的性能和质量。

3.实训器材

实训器材如表 4.6 所示。

表 4.6　实训器材

器材种类	元件名称	数量
元器件	光敏电阻	1 只
	光敏二极管	1 只
	光敏三极管	1 只
	热敏电阻	1 只
	电冰箱压缩机热保护器	1 只
	驻极体话筒	1 只
	压电陶瓷片	1 只
	MQ—3 气敏电阻	1 只
工具	万用表	1 块
	手电筒	1 个
	电吹风	1 个
	电烙铁	1 把
	酒精	1 瓶

4.实训步骤

(1)检测光敏电阻

用万用表检测光敏电阻的暗电阻及亮电阻,并将数据填入表中。

名　　称	暗电阻	亮电阻	好坏判断
光敏电阻			

（2）检测光敏二极管

用万用表测光敏二极管的正、反向电阻和光敏特性，并将数据填入表中。

名　　称	无光照时		有光照时的反向电阻	好坏判断
	正向电阻	反向电阻		
光敏二极管				

（3）检测光敏三极管（NPN 型）

用万用表测量 c,e 之间的电阻值，并将检测数据填入表中，每种情况下均测两次（交换表笔再测一次）。

名　　称	无光照时		有光照时		好坏判断
	第一次	第二次	第一次	第二次	
光敏三极管					

（4）检测热敏电阻和电冰箱压缩机热保护器

用万用表测量加热前和加热后的电阻值，热敏电阻可用电吹风加热，压缩机热保护器可用电烙铁的烙铁头紧紧接触双金属片加热，并将测量数据填入表中。

名　　称	加热前	加热后	好坏判断
热敏电阻			
热保护器			

（5）检测驻极体话筒和压电陶瓷片

用万用表测量驻极体话筒和压电陶瓷片在静态和动态时的电阻值，并将测量数据填入表中。

名　　称	静态时阻值	动态时阻值	好坏判断
驻极体话筒			
压电陶瓷片			

（6）检测 MQ—3 气敏电阻

先给 MQ—3 的加热电极接上 5 V 直流电压，再测量在常态下和在一定浓度的被测气体（酒精）的情况下的电阻值，并将测量数据填入表中。

名　　称	常态下	喷射酒精气体后	好坏判断
MQ—3 气敏电阻			

5. 成绩评定

表 4.7　成绩评定表　　　　学生姓名＿＿＿＿＿＿＿

评定类别	评定内容	得分
实训态度(10分)	态度端正、认真10分,较好7分,差0分	
万用表使用(5分)	正确5分,有不当行为酌情扣分	
器材安全(5分)	万用表损坏扣2分,丢失或损坏传感器扣1分	
实训步骤(80分)	能完成规定的8种传感器的检测,并能将数据如实填入相应的表中,且能对各传感器的性能进行准确判断,每完成一个给10分	
总　　分		

思考与习题四

1. 传感器的作用是什么?
2. 光敏电阻的工作原理是什么? 怎样用万用表粗略地检测光敏电阻的性能?
3. 光敏三极管的工作原理是什么? 它与光敏二极管相比有什么优点?
4. 常见的热敏传感器有哪几种?
5. 双金属片热敏传感器的工作原理是什么?
6. 什么叫声敏传感器? 驻极体话筒的工作原理是什么?
7. 怎样检测驻极体话筒的好坏及性能?
8. 为什么楼梯间的路灯在黑夜时手掌一拍就会点亮,在白天无论手掌怎样拍也不会点亮?
9. 怎样检测气敏传感器的性能?

实训五　常用电子仪器的使用

一、知识的准备

1. 优利德 UT802 型台式数字万用表

（1）主要用途

测量交直流电压、交直流电流、电阻、电容、三极管 hFE、二极管、通断蜂鸣、频率和温度，输入阻抗大于 10 MΩ。

（2）面板结构

具有 4 位半显示、手动量程、交直流供电、全量程过载保护、自带工具箱、数据保持方便随时读取，且配有 K 型热电偶测温功能。面板清晰明了，大屏幕带背光显示。

①前面板简介说明如图 5.1 所示。

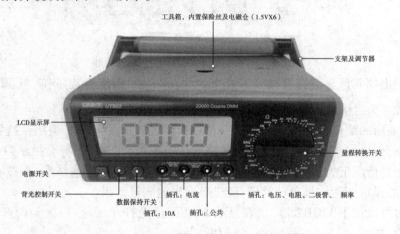

图 5.1　UT802 型台式数字万用表前面板图

②图 5.2 为 UT802 型台式数字万用表的量程挡位，其挡位分布及主要功能如图所示。

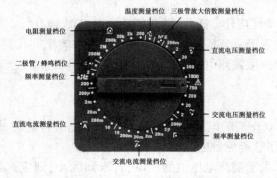

图 5.2　UT802 型台式数字万用表的量程挡位

③图 5.3 为 UT802 型台式数字万用表的转接插座功能说明，每部分的具体功能如图

所示。

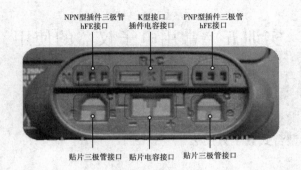

NPN型插件三极管 hFE接口　　K型接口 插件电容接口　　PNP型插件三极管 hFE接口

贴片三极管接口　　贴片电容接口　　贴片三极管接口

5.3　UT802型台式数字万用表转接插座功能说明

④图5.4为UT802型台式数字万用表的显示屏,其主要显示意义如图所示。

手动量程提示符

高压提示符

显示负的读数

交流测量提示符(直流测量不提示)

保持模式提示符　　测量读数值

单位

图5.4　UT802型台式数字万用表显示屏

上图未列出的其他显示符号有以下几个:"Warning!"为警告提示符,"▭"为电池欠压提示符,"⧓"为二极管测量提示符,"•))"为蜂鸣通断测量提示。

测量时,最后的测量值为所显示的数字加显示屏最右边的单位。当挡位选择错误或表笔插接错误屏幕会显示"Warning!",当所测数据大于所选挡位时,显示屏会显示"1."。

在任何测量情况下,当按下HOLD键时,仪表显示随即保持测量结果,再按一次HOLD键时,仪表显示的保持测量结果自动解锁,随机显示当前测量结果。

有需要时可以按下LIGHT键,仪表显示LCD屏背光打开,再按一次LIGHT键时,仪表显示LCD屏背光关闭。

(3)使用方法

1)交直流电压测量

①将红表笔插入"⧓ΩVHz"插孔,黑表笔插入"COM"插孔。

②将量程转换开关置于直流或交流电压测量档,并将表笔并联到待测电源或负载上。

③从显示器上直接读取被测电压值,单位在LCD屏最右边。交流测量显示值为正弦波有效值(平均值响应)。

注意:

＊不要输入高于1 000 V的电压。测量更高的电压是有可能的,但有损坏仪表的危险,在测量高压电时,要特别注意避免触电。

＊量程挡位应选择大于被测电压值的挡位,若未知大小,则应选择最大挡位进行测量,然后再逐步更换至合适挡位。

＊在完成所有的测量操作后,要断开表笔与被测电路的连接。

44

2）交直流电流测量

①将红表笔插入"μA mA"或"10A max"插孔,黑表笔插入"COM"插孔。

②将量程转换开关置于直流电流或交流电流测量档,并将仪表表笔串联到待测回路中。

③从显示器上直接读取被测电流值,单位在 LCD 屏最右边。

注意:

＊在仪表串联到待测回路之前,应先将回路中的电源关闭。

＊测量时应使用正确的输入端口和功能挡位,如不能估计电流的大小,应从高档量程开始测量。

＊当表笔插在电流插孔上时,切勿把表笔测试针并联到任何电路上,不然会烧断仪表内部保险丝和损坏仪表。

＊在完成所有的测量操作后,应先关断电源再断开表笔与被测电路的连接,在对大电流测量时尤其重要。

3）电阻测量

①将红表笔插入"➡⊦ΩVHz"插孔,黑表笔插入"COM"插孔。

②将量程转换开关置于"Ω"测量档,并将表笔并联到被测电阻上。

③从显示器上直接读取被测电阻值,单位在 LCD 屏最右边。

注意:

＊如果被测电阻开路或阻值超过仪表所选量程时,显示器将显示"1."。

＊当测量在线电阻时,在测量前必须先将被测电路内所有电源关断,并将所有电容器放电,才能保证测量正确。

＊在低阻测量时,表笔会带来 $0.1 \sim 0.2 \ \Omega$ 电阻的测量误差。为获得精确读数,应首先将表笔短路,记住短路显示值,在测量结果中减去表笔短路显示值,才能确保测量精度。

＊如果表笔短路时的电阻值不小于 $0.5 \ \Omega$ 时,应检查表笔是否有松脱现象或其他原因。

＊测量 $1M \ \Omega$ 以上的电阻时,可能需要几秒钟后读数才会稳定,这对于高阻的测量属正常,为了获得稳定读数尽量选用短的测试线。

＊不要输入高于直流 60 V 或交流 30 V 以上的电压,避免伤害人身安全。

＊在完成所有的测量操作后,要断开表笔与被测电路的连接。

4）二极管测量

①将红表笔插入"➡⊦ΩVHz"插孔,黑表笔插入"COM"插孔,红表笔极性为" + ",黑表笔极性为" − "。

②将量程转换开关置于"))) ➡⊦ "测量档,红表笔接到被测二极管的正极,黑表笔接到二极管的负极。

③从显示器上直接读取被测二极管的近似正向 PN 结压降值,单位 mV。对硅 PN 结而言,一般约为 $500 \sim 800$ mV 确认为正常值。

注意:

＊如果被测二极管开路或极性反接时,显示"1."。

＊当测量在线二极管时,在测量前必须首先将被测量电路内所有电源关断,并将所有电容器放尽残余电荷。

＊在完成所有的测量操作后,要断开表笔与被测电路的连接。

5) 电路通断测量

①将红表笔插入"▶⊢ΩVHz"插孔,黑表笔插入"COM"插孔。

②将量程转换开关置于"·)))▶⊢"测量档,并将表笔并联到被测电路两端。如果被测二端之间电阻大于100 Ω,认为电路断路,被测两端之间电阻小于等于10 Ω,认为电路良好导通,蜂鸣器连续声响。

③从显示器上直接读取被测电路的近似电阻值,单位为 Ω。

注意:

＊当检查在线电路通断时,在测量前必须先将被测电路内所有电源关断,并将所有电容器放尽残余电荷。

＊电路通断测量,开路电压约为 3 V。

＊在完成所有的测量操作后,要断开表笔与被测电路的连接。

6) 电容测量

直插式电容测量操作方法:

①将红黑表笔分别接入"▶⊢ΩVHz"和"mA μA"二插孔;

②将量程转换开关置于"F"合适档位(20n、2μ、200μ),然后将红黑表笔分别接电容两引脚;

③从显示器上直接读取被测电容值,单位在 LCD 屏最右边。

贴片式电容测量操作方法:

①将转换插座接入"▶⊢ΩVHz"和"mA μA"二插孔。

②将量程转换开关置于"F"合适档位(20n、2μ、200μ),然后将被测电容插入转接插座对应插孔。

③从显示器上直接读取被测电容值,单位在 LCD 屏最右边。

注意:

＊如果被测电容为有极性电容时,红表笔接正极,黑表笔接负极,无极性电容则不用区分红黑表笔;

＊如果被测电容短路或容量值超过仪表最大量程时,显示器将显示"1."。

＊所有的电容在测试前必须全部放尽残余电荷,对于小电容直接短接两引脚放电,大电容需连接小灯泡或小电机进行放电。

＊大于 40 μF 电容测量仅供参考。

＊在完成所有的测量操作后,取下转换插座。

7) 温度测量

①将转换插座插入"▶⊢ΩVHz"和"mA μA"二插孔。

②将量程转换开关置于"℃"档位,此时 LCD 显示"1",然后将温度探头(K 型插头)插入转接插座对应的插孔,此时 LCD 显示室温。

③将温度探头探测被测温度表面,数秒后从 LCD 上直接读取被测温度值。

注意:

＊仪表仅适用于 230℃ 以下温度的测量。

＊在完成所有的测量操作后,取下温度探头和转接插座。

8）三极管 hFE 测量

①将转换接插座插入"▶|ΩVHz"和"mA μA"插孔。

②将量程转换开关置于 hFE 档位，然后将被测 NPN 或 PNP 型三极管插入转接插座对应孔位。

③从显示器上直接读取被测三极管 hFE 近似值。

9）频率测量

①将红黑表笔分别接入"▶|ΩVHz"和"COM"插孔。

②将量程转换开关置于"kHz"档位，选择合适的挡位，并将仪表表笔并联到待测回路中。

③从显示器上直接读取被测频率值，单位在 LCD 屏最右边。

注意：

＊当被测频率值大于所选挡位时，显示屏上显示"1."。

＊输入幅度 a：（2 kHz）量程 50 mV≤a≤30 Vrms，（200 kHz 量程）200 mV≤a≤30 Vrms

2. 优利德 UTP3705S 型稳压电源

（1）主要用途

UTP3705S 型直流稳压电源两路均可以提供输出电压 0～32 V 可调，输出电流 0～5 A 可调的电源电压，具有恒压、恒流功能（CV/CC）且这两种模式可随负载变化而进行自动转换，具有串连主从工作功能，Ⅰ路为主路，Ⅱ路为从路。

（2）面板结构

优利德 UTP3705S 型稳压电源具有三位数显，能同时显示电压和电流值，AC 110 V 或 AC 220 V 均可以供电。面板清晰简洁，前面板如图 5.5 所示，后面板如图 5.6 所示。

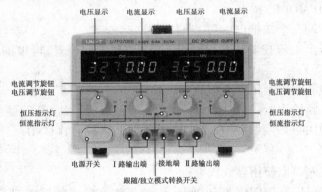

图 5.5 优利德 UTP3705S 型稳压电源前面板图

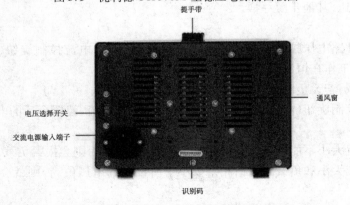

图 5.6 优利德 UTP3705S 型稳压电源后面板

前面板上的"MODE"按钮为独立模式和跟随模式切换键,FREE 为独立模式,TRACK 为跟随模式。

后面板上的输入电源转换开关可以切换输入电源电压,当开关置于上方,其标识显示为 220 V 时,表示为 220 V 供电;当开关置于下方,其标识显示为 110 V 时,表示为 110 V 供电。我国市电均为 220 V 供电,所以要将开关置于上方。

（3）使用方法

1）单电源恒压输出

①工作模式按钮（MODE）弹起；

②选择 Ⅰ 路或 Ⅱ 路输出,先将对应电流控制旋钮（CURRENT）调到中间位置,再根据所需电压大小调节电压控制旋钮（VOLTS）；

③使用万用表检测输出电压准确度减小误差；

④红色导线接所选通路的输出" + ",黑色接所选通路的输出" - ",接入电路板进行通电。

注意：

＊此设备中间有个绿色标着 GND 接地接线柱,是大地及底座接地端,这里的大地和电路实验中常说的地并不等同,一般不使用。

＊CV 灯亮时表明设备工作在恒压状态,CC 灯亮时为设备工作在恒流状态指示灯,说明电路中的实际电流高出电源预设的电流输出最大值,此时输出电压会降到 0 V。

2）双电源恒压输出

①工作模式按钮（MODE）按下；

②小铁片连接中间三个线桩（" - "" ⊥ "" + "）；

③先将 Ⅰ 路面板上电流控制旋钮（CURRENT）调到中间位置,再根据所需电压大小调节电压控制旋钮（VOLTS）；

④使用万用表检测输出电压准确度减小误差；

⑤红色导线接 Ⅰ 路输出" + "再连到电路板" + ",红色导线接 Ⅱ 路输出" - "再连到电路板" - ",黑色导线接中间三个线桩中任意一个再连到电路板上的 GND。

注意：

＊当小铁片缺失时可以使用导线代替；

＊双电源输出也可以在 MODE 按钮弹起,电源工作在独立模式时进行设置,只是需要单独调节 Ⅰ,Ⅱ 路电压,其他步骤一样。

3）恒流输出

①将 Ⅰ 路或 Ⅱ 路电压控制旋钮（VOLTS）旋转到最大值,电流控制旋钮（CURRENT）旋转至最小值,让电源工作在恒流模式；

②连接好负载,若无负载,可使用导线短接正负极；

③调节电流控制旋钮（CURRENT）可增大或减小输出电流,设置合适的电流值。

注意：

＊设置的电流大小不能超过负载所能承受的最大电流,否则会损毁负载；

＊设置的电流大小和负载的阻值相乘要小于所设置的电压值,否则就会自动切换到恒压模式。

3. 普源 DG1022U 型信号发生器

(1)主要用途

DG1022U 型信号发生器采用直接数字频率合成技术设计,能够产生精准、稳定、低失真的输出信号,双通道输出,100 MSa/s 采样率,最高输出频率 25 MHz。

(2)主要技术性能

①输出波形种类:正弦波,方波,锯齿波,脉冲波,白噪声等。

②输出频率范围:

· 正弦波:1 μHz ～ 25 MHz

· 方波:1 μHz ～ 5 MHz

· 脉冲:500 μHz ～ 5 MHz

· 锯齿波:1 μHz ～ 500 kHz

· 白噪声:5 MHz 带宽（-3 dB）

· 任意波:1 μHz ～ 5 MHz

③输出幅度指标:

· 通道 1   ≤20 MHz(2 mVpp ～ 10 Vpp)   >20 MHz(2 mVpp ～ 5 Vpp)

· 通道 2   2 mVpp ～ 3 Vpp

④频率计测量功能:频率、周期、正/负脉冲宽度、占空比。

⑤频率计测量频率范围:100 mHz ～ 200 MHz。

(3)面板结构

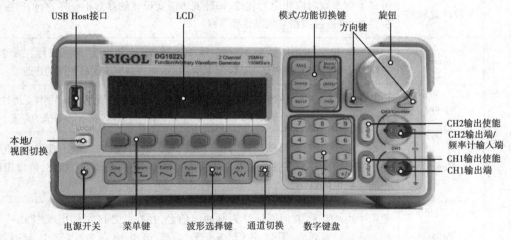

图 5.7   DG1022U 型信号发生器面板图

DG1022U 型信号发生器具有简单而功能明晰的前面板,其 LCD 显示屏有 3 种界面显示模式:单通道常规模式、单通道图形模式及双通道常规模式,这 3 种显示模式可通过前面板左侧的 View 按键切换。前面板上还有各种功能按键、旋钮及菜单软键,可以进入不同的功能菜单或直接获得特定的功能应用。其前面板如图 5.7 所示,各种开关旋钮的名称及功能表 5.1。

表 5.1　DG1022U 型信号发生器按键旋钮的名称及功能

功能区	按键旋钮的名称	按键旋钮的功能
模式\功能键	Mod	使用 Mod 按键,可输出经过调制的波形。并可以通过改变类型、内调制/外调制、深度、频率、调制波等参数,来改变输出波形。
	Sweep	使用 Sweep 按键,对正弦波、方波、锯齿波或任意波形产生扫描(不允许扫描脉冲、噪声和 DC)。
	Burst	使用 Burst 按键,可以产生正弦波、方波、锯齿波、脉冲波或任意波形的脉冲串波形输出,噪声只能用于门控脉冲串。
	Store/Recall	使用 Store/Recall 按键,存储或调出波形数据和配置信息。
	Utility	使用 Utility 按键,可以设置同步输出开/关、输出参数、通道耦合、通道复制、频率计测量;查看接口设置、系统设置信息;执行仪器自检和校准等操作。
	Help	使用 Help 按键,查看帮助信息列表。
波形设置	View	使用 View 键切换视图,使波形显示在单通道常规模式、单通道图形模式、双通道常规模式之间切换。此外,当仪器处于远程模式,按下该键可以切换到本地模式。
	CH1/CH2	使用 CH1/CH2 键切换通道,当前选中的通道可以进行参数设置。在常规和图形模式下均可以进行通道切换,以便用户观察和比较两通道中的波形。
	参数设置软键	屏幕下方参数对应相应的软键,每种波形需要设置的参数不一样,有的对应两种参数,可通过按相应软键切换。
	Sine	使用 Sine 按键,波形图标变为正弦信号,并在状态区左侧出现"Sine"字样。通过设置频率/周期、幅值/高电平、偏移/低电平、相位,可以得到不同参数值的正弦波。
	Square	使用 Square 按键,波形图标变为方波信号,并在状态区左侧出现"Square"字样。通过设置频率/周期、幅值/高电平、偏移/低电平、占空比、相位,可以得到不同参数值的方波。
	Ramp	使用 Ramp 按键,波形图标变为锯齿波信号,并在状态区左侧出现"Ramp"字样。通过设置频率/周期、幅值/高电平、偏移/低电平、对称性、相位,可以得到不同参数值的锯齿波。
	Pulse	使用 Pulse 按键,波形图标变为脉冲波信号,并在状态区左侧出现"Pulse"字样。通过设置频率/周期、幅值/高电平、偏移/低电平、脉宽/占空比、延时,可以得到不同参数值的脉冲波。
	Noise	使用 Noise 按键,波形图标变为噪声信号,并在状态区左侧出现"Noise"字样。通过设置幅值/高电平、偏移/低电平,可以得到不同参数值的噪声信号。
	Arb	使用 Arb 按键,波形图标变为任意波信号,并在状态区左侧出现"Arb"字样。通过设置频率/周期、幅值/高电平、偏移/低电平、相位,可以得到不同参数值的任意波信号。

功能区	按键旋钮的名称	按键旋钮的功能
数字输入设置	方向键	用于切换数值的数位、任意波文件/设置文件的存储位置。
	旋钮	改变数值大小。在 0~9 范围内改变某一数值大小时,顺时针转一格加 1,逆时针转一格减 1,当参数需要连续递增或递减时使用旋钮调节方便更准确。还用于切换内建波形种类、任意波文件/设置文件的存储位置、文件名输入字符。
	数字键盘	直接输入需要的数值,改变参数大小。
输出设置	CH1 通道 Output 键	按下此键开启 CH1 通道输出信号且键灯被点亮,双通道图形显示模式下相应通道显示"ON"。再按此键关闭。
	CH2 通道 Output 键	按下此键开启 CH2 通道输出信号且键灯被点亮,双通道图形显示模式下相应通道显示"ON"。再按此键关闭。

(4)使用方法

1)输出单通道波形

①将 BNC - 鳄鱼夹线连接到选定的输出端口。

②按 CH1/CH2 选择通道。

③按下波形选择键,选择波形。

④按下参数设置软键设置所需波形参数。

⑤按下相应的通道 Output 键。

注意:

＊选择波形不同,软键对应的选项就不同,有的软键对应两种参数,当前选项为反色显示,若要切换则再按一次对应软键。

＊屏幕中显示的数字为上电时的默认值,或者是预先选定的值。

2)输出双通道波形

①将两根 BNC - 鳄鱼夹线连接到两个输出端口。

②按 CH1/CH2 选择通道 1。

③设置通道 1 波形及参数。

④按 CH1/CH2 选择通道 2。

⑤设置通道 2 波形及参数。

⑥按下两个通道 Output 键。

注意:

＊通道设置一定不能出错,注意查看。

＊如果两个通道需要输出一样的波形,可以采用通道复制的方式。

3)频率计测量

①将 BNC - 鳄鱼夹线连接到 CH2 输出端口。

②按 Utility 进入相应菜单再选择频率计。

③选择自动测量模式或手动设置参数。

④测量结果查看。

注意：

＊频率计模式测量外部输入信号，信号由 CH2 输入；

＊频率计模式测量本身信号发生器 CH1 输出信号需要通过 BNC 同轴线缆连接 CH1 和 CH2。

4. 普源 DS1072E – EDU 型数字示波器

（1）主要用途

通过显示屏显示被测信号的波形，同时也可以进行峰峰值、频率、相位、占空比等参数的测量。

（2）主要技术性能

· 带宽：70 MHz

· 实时采样率：1 GSa/s

· 时基精度：±50 ppm（任何 1 ms 的时间间隔）

· 垂直灵敏度：2 mV/div 至 10 V/div

· 触发功能：边沿、脉宽、视频、斜率、交替

· 其他功能：自动测量、自动光标跟踪测量、触发灵敏度可调、波形录制和回放功能

· 校准信号：频率为 1 kHz 幅度为 3 V 的矩形波

（3）面板结构

DS1072E – EDU 型数字示波器的前面板简单但功能明晰，其前面板结构如图 5.8 所示，显示界面说明如图 5.9 所示。

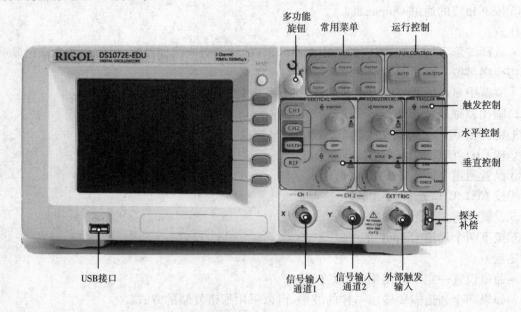

图 5.8　DS1072E – EDU 型数字示波器面板图

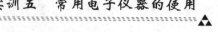

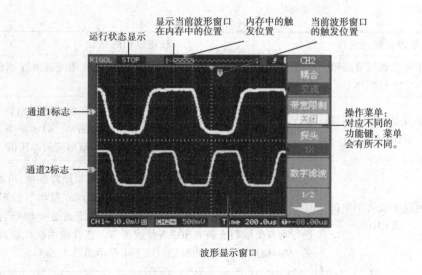

图5.9　DS1072E–EDU型数字示波器显示界面说明

面板上包括多功能旋钮、常用菜单区、运行控制区、垂直控制区和水平控制区等,各种按钮旋钮的名称及功能见表5.2。

表5.2　DS1072E–EDU型数字示波器按钮旋钮的名称及功能

功能区	按键旋钮的名称	按键旋钮的功能
运行控制按钮区	自动设置键（AUTO）	按下此键,示波器将自动设置各项控制参数,迅速显示适宜观察的波形。
	运行/停止键（RUN/STOP）	当此键亮绿光时,显示屏正常动态显示波形;当按下此键令此键亮红光时,显示屏上波形变成静止不动,利用此键可方便观测波形。
功能菜单区	自动测量键（Measure）	利用此键可对通道内电压信号的峰峰值,最大、最小值,频率,周期,占空比,正、负脉宽等参数进行自动测量。
	采样设置键（Acquire）	弹出采样设置菜单。通过菜单控制按钮可调整波形采样方式。
	存储功能键（Storage）	可利用此键将电压信号波形以位图的形式通过USB接口存储到外部存储设备中。
	光标测量键（Cursor）	对电压信号参数的测量可利用此键通过光标模式来完成。
	显示系统设置键（Display）	按下按键,弹出显示系统设置菜单。通过菜单控制按键可调整波形显示方式。
	辅助系统设置键（Utility）	可利用此键按键弹出辅助系统功能设置菜单,进行接口设置、打开/关闭按键声音,打开/关闭频率计、语言设置等。

续表

功能区	按键旋钮的名称	按键旋钮的功能
垂直控制区	垂直位置调节旋钮（POSITION）	调整被选定通道波形的垂直位置。按下此旋钮使波形显示位置恢复到零点。
	垂直坐标刻度调节旋钮（SCALE）	调节显示屏垂直坐标每格刻度的电压值：①在此旋钮弹出状态时旋转此旋钮进行粗调；②按下此旋钮后再旋转则为细调。显示屏下方位置分别以黄、蓝两种颜色显示通道1、2垂直坐标每格刻度的电压值。
	通道1设置菜单键（CH1）	按一下"CH1"键，在显示屏右侧会弹出通道1设置菜单，可对通道1的"耦合"（耦合方式）、"探头"（探头衰减倍率）和"反相"（波形反相功能）等项目进行设置；此外，按一下此键后，即选定通道1波形，可对该波形进行垂直坐标刻度调节和垂直位置调节。连续按两次此键，此键黄灯熄灭，表示通道1关闭，此时显示屏上不显示通道1波形。
	通道2设置菜单键（CH2）	功能同"通道1设置菜单键"。
	数学运算（MATH）	可显示CH1、CH2通道波形相加、相减、相乘以及FFT运算的结果。数学运算的结果可通过栅格或游标进行测量。
	参考（REF）	系统将显示功能的操作菜单。
	通道关闭键（OFF）	先选定某通道波形，再按此键，即可关闭此通道。
水平控制区	水平位置调节旋钮（POSITION）	调整两个通道波形的水平位置。按下此旋钮使触发位置立即回到显示屏中心。
	水平坐标刻度调节旋钮（SCALE）	调节显示屏水平坐标每格刻度的时间值。显示屏下方位置以白色显示两通道水平坐标每格刻度的时间值。按下此旋钮后变为延迟扫描状态。
	水平设置菜单键（MENU）	按一下此键，在显示屏右侧会弹出"水平设置菜单"，可对"时基"（显示屏坐标系）、"延迟扫描"等项目进行设置。
触发控制区	触发电平调节旋钮（LEVEL）	调节触发电平。旋转此旋钮，可发现显示屏上出现一条橘黄色的触发电平线随此旋钮的转动而上下移动。移动此线，使之与触发信号波形相交，则可使波形稳定。按一下此旋钮，可迅速令触发电平恢复到零。
	触发设置菜单键（MENU）	按一下此键，在显示屏右侧会弹出"触发设置菜单"，可对"触发模式"、"信源选择"（触发信号选择）等项目进行设置。
	中点触发键50%	按一下此键，可迅速设定触发电平在触发信号幅值的垂直中点。利用此键可较方便地选好触发电平，使波形稳定下来。
	强制触发（FORCE）	按FORCE按键：强制产生一个触发信号，主要应用于触发方式中的"普通"和"单次"模式。

续表

功能区	按键旋钮的名称	按键旋钮的功能
输入输出界面	电压信号输入通道 1（CH1）	电压信号输入通道 1。
	电压信号输入通道 2（CH2）	电压信号输入通道 2。
	探头补偿器	输出一个频率为 1 kHz，峰峰值为 3 V 的方波。
	显示屏菜单开启/关闭键（MENU ON/OFF）	控制显示屏右侧菜单的打开或关闭。
	控制显示屏右侧菜单的打开或关闭	纵向排列于显示屏右侧边框上的五个蓝灰色按键。通常将这五个键从上到下依次编号为 1、2、3、4、5 号。通过此五键可对显示屏右侧菜单的各项进行选择操作。连续按压操作键，可在对应项目下令选择光标在不同选项上移动，在选择光标在某选项上停留几秒钟后即选定此项。
	多功能旋钮	配合"菜单操作键"对菜单各项进行选择操作。旋转此旋钮使选择光标在不同选项上滚动，按下此旋钮来选定。在未指定任何功能时，旋转此旋钮可调节显示屏中波形的亮度。
	电源开关键	开/关电源，电源开关键在仪表的顶面。

（4）使用方法

1）数字示波器校准

为确保测量波形及数据准确无偏差，在进行测量前应进行校准，其步骤如下：

①将探头连接到示波器 CH1 通道。

②将探头衰减系数设置键拨到 X1。

③将探头连接校准信号输入端，夹子接地。

④按下自动设置键，系统自动设置 X 轴和 Y 轴挡位，以比较合适的方式显示。

⑤转动垂直控制区的上下位移旋钮和水平控制区的左右位移旋钮进行微调，让波形在显示屏上完整显示。

⑥观察示波器显示屏上波形的形态，如图 5.10 所示，如果补偿不正确，需要使用非金属质地的改锥调整探头上的可变电容，直到屏幕显示的波形与图中"补偿正确"波形相同。

⑦按下自动测量键，打开全部测量。

⑧查看波形参数是否与校准信号一致。

补偿过度　　　　　补偿正确　　　　　补偿不足

图 5.10　波形形态

2）简单测量直流信号

①完成自检。

②连接信号输入线，探头接信号输入端，夹子接地。

③按下自动设置，再调节垂直控制区的上下位移旋钮让波形方便观察。

④按下自动测量，打开全部测量。

⑤查看波形参数，如图5.11所示，读取数据。

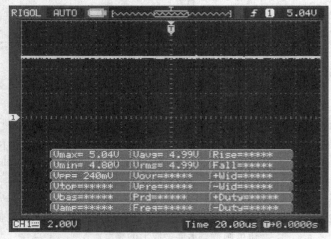

图5.11　5V直流电压的测量

3）简单测量交流信号

①完成自检；

②连接信号输入线；

③按下AUTO自动设置，再分别调节水平和垂直控制区的挡位和上下位移旋钮让波形在显示屏上显示2~3个周期为宜；

④按下自动测量，打开全部测量；

⑤查看波形参数，如图5.12所示，读取波形峰峰值、频率等数据。

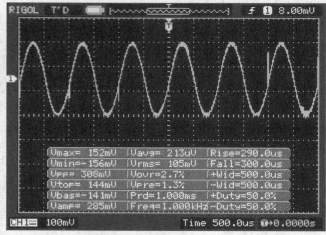

图5.12　交流信号的测量

DS1072E–EDU 型数字示波器可以自动测量波形的电压参数(如峰峰值、最大值、最小值、平均值等)和时间参数(如周期、频率、上升时间、下降时间、正占空比等),波形电压参数的示意和参数所代表的含义如图 5.13 所示,波形时间参数的示意和参数所代表的含义如图 5.14 所示。

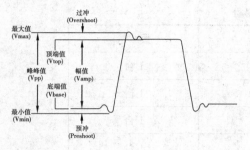

参数	名称	含义
Vmax	最大值	波形最高点至 GND(地)的电压值。
Vmin	最小值	波形最低点至 GND(地)的电压值。
Vavg	平均值	单位时间内信号的平均幅值。
Vrms	均方根值	即有效值,依据交流信号在单位时间内所换算产生的能量,对应于产生等值能量的直流电压,即均方根值。
Vpp	峰峰值	波形最高点至最低点的电压值。
Vtop	顶端值	波形平顶至 GND(地)的电压值。
Vbas	底端值	波形平底至 GND(地)的电压值。
Vamp	幅值	波形顶端至底端的电压值。
Vovr	过冲	波形最大值与顶端值之差与幅值的比值。
Vpre	脉冲	波形最小值与底端值之差与幅值的比值。

图 5.13　波形电压参数示意和参数所代表的含义

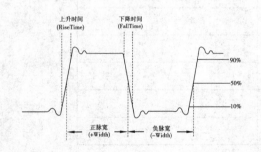

参数	名称	含义
Prd	周期	完成一次循环变化所用的时间。
Freq	频率	在 1s 内完成循环变化的次数。
Rise	上升时间	波形幅度从 10% 上升至 90% 所经历的时间。
Fall	下降时间	波形幅度从 90% 下降至 10% 所经历的时间。
+ Wid	正脉宽	正脉冲在 50% 幅度的脉冲宽度。
– Wid	负脉宽	负脉冲在 50% 幅度的脉冲宽度。
+ Duty	正占空比	正脉宽与周期的比值。
– Duty	负占空比	负脉宽与周期的比值。

图 5.14　波形时间参数示意和参数所代表的含义

二、技能实训

1.实训内容

常用电子仪器的使用方法。

2.实训目的

(1)学会优利德 UT802 型台式数字万用表的操作及使用;

(2)学会优利德 UTP3705S 型稳压电源的操作及使用;

(3)学会普源 DG1022U 型信号发生器的操作及使用；

(4)学会使用普源 DS1072E – EDU 型数字示波器观察波形、测量电压、测量周期等。

3.实训器材

实训器材见表5.3。

表5.3 实训器材

器材名称	数　量
优利德 UT802 型台式数字万用表	1 台
优利德 UTP3705S 型稳压电源	1 台
普源 DG1022U 型信号发生器	1 台
普源 DS1072E – EDU 型数字示波器	1 台
5 号电池、9V 电池、电阻、电容、二极管、三极管等	各若干

4.实训步骤

(1)优利德 UT802 型台式数字万用表的操作及使用。

①使用 UT802 台式数字万用表测量任意五只电阻并记入表5.4 中。

表5.4 电阻测量表

序号	标称阻值	测量阻值
R_1		
R_2		
R_3		
R_4		
R_5		

②使用 UT802 台式数字万用表测量电压并记入表5.5 中。

表5.5 电压测量表

测量对象	所选挡位	电压值
一节 5 号电池		
一节 9V 电池		
直流电压源		
普通交流插座		

③使用 UT802 台式数字万用表测量几只不同二极管的正负极、管压降并记入表 5.6 中。

表 5.6　二极管测量表

测量对象	正负极示意图	管压降
1N4007		
1N4148		
红色 LED		
黄色 LED		
蓝色 LED		

④使用 UT802 台式数字万用表判断几只不同三极管的管型、测量 hFE 值并记入表 5.7 中。

表 5.7　三极管测量表

序号	管型	hFE 值
Q_1		
Q_2		
Q_3		
Q_4		
Q5		

⑤使用 UT802 台式数字万用表测量几只容量小于 200 μF 的电容并记入表 5.8 中。

表 5.8　电容测量表

序号	电容容量值
C_1	
C_2	
C_3	
C_4	
C_5	

（2）优利德 UTP3705S 型稳压电源的操作及使用

①使用 UTP3705S 型直流稳压电源为电路板提供 DC +5 V 供电，并连接好电源线。

②使用 UTP3705S 型直流稳压电源跟随模式为电路板提供 DC ±12 V 供电，并连接好电源线。

（3）普源 DG1022U 型信号发生器与普源 DS1072E – EDU 型数字示波器的配合使用。

①将示波器 CH1 输入端与信号发生器的 CH1 输出相连，调节信号发生器使其参数值表 5.7，调节示波器旋钮，让屏幕上出现稳定和合适的波形，测出相应的峰峰值 Vpp 和周期 Prd，把数据填入表 5.9。

表 5.9　波形参数测量表

DG1022U 型信号发生器设置	CH1 波形参数		CH2 波形参数	
	频率为 500 Hz、峰峰值为 3 Vpp,偏移为 100 mVdc的正弦波信号。		频率为 1 kHz,峰峰值为 5 Vpp,占空比为 30%,初始相位为 45°的方波信号。	
DS1072E – EDU 型数字示波器测量	CH1 波形示意图及参数		CH2 波形示意图及参数	
	Vpp =	Prd =	Vpp =	Prd =
	Y 轴挡位:	X 轴挡位:	Y 轴挡位:	X 轴挡位:

5. 成绩评定

表 5.10　成绩评定表　　　　　学生姓名＿＿＿＿＿＿

评定类别	评定内容	得分
实训态度(10 分)	态度端正 10 分,较好 7 分,差 0 分	
UT802 台式数字万用表的使用 (20 分)	(1)会选择合适的量程 10 分 (2)会正确读数 5 分 (3)使用中操作规范 5 分	
优利德 UTP3705S 型稳压电源的使用(20 分)	(1)会正确调节单电源输出 5 分 (2)会正确调节双电源输出 5 分 (3)会正确连接电源输出线 5 分 (4)操作规范 5 分	
DG1022U 型信号发生器的操作及使用(20 分)	(1)会正确调节频率的输出 5 分 (2)会正确调节电压的输出 5 分 (3)会正确调节功率的输出 5 分 (4)操作规范 5 分	
DS1072E – EDU 型数字示波器的操作及使用(30 分)	(1)能调出稳定的波形 5 分 (2)会测量、计算出电压值 15 分 (3)会正确测量、计算周期(频率)15 分 (4)操作规范 5 分	
总　分		

思考与习题五

1. UT802 型台式数字万用表的主要用途有哪些?

2. 简述使用 UT802 台式数字万用表测量直流电压的注意事项?

3. 怎样使用 UT802 型台式数字万用表检测判断额定电压为 220 V、额定功率为 40 W 的内热式电烙铁的好坏?

4. 简述使用 UTP3705S 型直流稳压电源的注意事项。

5. UTP3705S 型直流稳压电源工作在恒压模式时,CV 指示灯突然熄灭,CC 指示灯亮起,造成这种情况的原因是什么?

6. DG1022U 型函数信号发生器一共有几种显示模式,要怎样进行切换?

7. 使用 DG1022U 型函数信号发生器输出一个 Vpp 为 3 V,周期为 1 s,正占空比为 60% 的方波信号的步骤是什么?

8. 在 CH1 通道接入一个频率在 100 mHz ~ 200 MHz,Vpp 小于 5 V 的方波,怎样使用 DG1022U 型函数信号发生器的频率计功能测量其频率?

9. DS1072E – EDU 型数字示波器的主要用途是什么?

10. 怎样对 DS1072E – EDU 型数字示波器进行校准?

11. 如何用 DS1072E – EDU 型数字示波器来测量直流信号的 Vmax 值?

12. 如何用 DS1072E – EDU 型数字示波器来测量交流信号的频率?

实训六　分压式放大器的安装与调试

一、知识准备

三极管是一种电流控制元件,它主要由两个 PN 结构成,由于 PN 结的组合方式不同,可以分为 NPN 型和 PNP 型,在电路中具有两个作用:放大作用、开关作用(即工作在截止、饱和状态)。通过对三极管三个引脚的电位的判断,可以得出三极管的工作状态,从而判断出电路工作情况。三极管的三种工作状态和参变量的关系如表 6.1 所示。

表 6.1　三极管的三种工作状态比较

工作状态		截止状态	放大状态	饱和状态
PN 结偏置		发射结反偏 集电结反偏	发射结正偏 集电结反偏	发射结正偏 集电结正偏
发射结 电压 V_{BE}/V	Si 管	$-0.3 < V_{BE} < 0.5$	$0.5 \sim 0.7$	> 0.7
	Ge 管	$-0.3 < V_{BE} < 0.1$	$-0.1 \sim -0.3$	< -0.2
V_{CE}/V		$V_{CE} \approx V_{CC}$	$V_{CE} = V_{CC} - I_C R_C$	$V_{CE} \approx 0.2 \sim 0.3$
NPN 型三极电位比较		$V_B < V_E, V_B < V_C$	$V_C > V_B > V_E$	$V_B > V_C, V_B > V_E$
PNP 型三极电位比较		$V_B > V_C, V_B > V_E$	$V_E > V_B > V_C$	$V_E > V_B, V_C > V_B$
基极电流 I_B		$I_B \approx 0$	$I_B > 0$	$I_B > V_{CC}/\beta R_C$
集电极电流 I_C		$I_C \approx I_{CEO}$	$I_C = \beta I_B + I_{CEO}$	$I_C \approx V_{CC}/R_C$
电路的主要特点		$I_B = 0, V_{CE} \approx V_{CC}$,三极管相当于断开,$CE$ 极承受的电压较高	基极电流 I_B 有微小的变化,集电极电流 I_C 有较大的变化	基极电流 I_B 变化,I_C 几乎不变,V_{CE} 很小,一般低于 1 V

1. 分压式放大器的电路结构及元件名称和作用

(1)电路结构(见图 6.1)

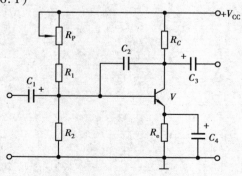

图 6.1　分压式偏置电路

62

(2)元件的名称及作用(见表6.2)

表6.2　元件的名称及作用

类别	编号	元件名称	元件作用
电阻	R_P	上偏置电阻	电源电压经 R_p, R_1 和 R_2 分压给基极提供偏压 V_B,提供基极偏流
	R_1		
	R_2	下偏置电阻	
	R_c	集电极电阻	给集电极提供偏压,充当负载
	R_e	发射极电阻	电流负反馈电阻,能稳定静态工作点
电容	C_1	输入耦合电容	耦合,传送交变信号
	C_2	消振电容	消振,去除高频自激振荡
	C_3	输出耦合电容	耦合,传送交变信号
	C_4	发射极旁路电容	提供交流通路,提高放大增益
三极管	V	放大管	放大,对电流进行控制

2.电路中元器件的选用

表6.3　元器件选择

类别	编号	规格型号	备　注
电阻	R_P	100 kΩ	立式微调电位器
	R_1	10 kΩ	
	R_2	5.1 kΩ	
	R_c	3.3 kΩ	
	R_e	1 kΩ	
电容	C_1	10 μF/16 V	电解电容
	C_2	470 pF	圆片电容
	C_3	10 μF/16 V	电解电容
	C_4	100 μF/10 V	电解电容
三极管	V	9013(9011,3DG6,3DG102)	
万能板1块,细导线若干			

二、技能实训

1.实训内容

分压式放大器的安装与调试。

2.实训目的

(1)能识别电路图;

（2）能在万能板上搭建电路；

（3）能正确调试、检测电路；

（4）能根据电路原理分析、判断电路故障，并进行维修。

3. 实训器材

实训器材见表6.4所示。

表6.4 实训器材

器材名称	数 量
实训万能板（5 cm×7 cm）	1块
实训元器件（清单见表6.3所示）	1套
尤利德 UTP3705S 直流稳压电源	1台
优利德 UT802 台式数字万用表	1块
普源 DG1022U 信号发生器	1台
普源 DS1072E - EDU 数字示波器	1台

4. 实训步骤

（1）万能板介绍

万能板是一种按照标准 IC 间距（2.54 mm）布满焊盘、可按自己的意愿插装元器件及连线的印制电路板，又称"洞洞板""点阵板"。相比专业的 PCB 制版，洞洞板具有成本低廉、使用方便、扩展灵活的优势。

（2）用万能板搭建电路

①元件预布局

对于元件少的简单电路可以采用以芯片等关键器件为中心，其他元器件依次展开方法。如果是初学者且电路比较复杂可以先在纸上做好初步的布局，然后用铅笔画到万能板的元件面，还可以将走线也规划出来，方便后期焊接。

②搭建电路

万能板的焊接方法有两种：一种是利用细导线进行飞线连接，尽量做到水平和竖直走线，整洁清晰。另一种方法是锡接走线法，性能稳定，但比较浪费锡，走线难度较高。也可以采用二者结合的方法。

对于复杂电路首先要搭建电源部分，检测合格后才能搭建信号处理部分。且一定要分模块搭建，搭建完一部分要进行测试，不能一次全部焊完。搭建时要合理利用元器件的引脚，跳线；双面板的每一个焊盘都可以当作过孔，灵活实现正反面电气连接；芯片座里面隐藏元件，既美观又能保护元件。

③完成焊接

检查焊点、对不良焊点修正、润色，整理混乱导线，收尾。

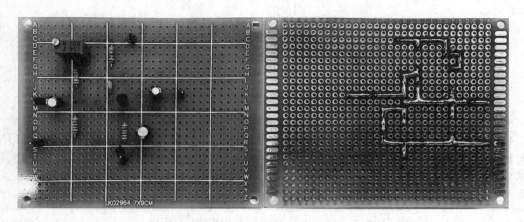

图 6.2 分压式偏置放大电路万能板搭建正反两面实物图

根据装配工艺评定装配质量,完成表 6.10 中的成绩评定。

(3)调整与测试

安装完成检查无误后,将 B、E、F、H、K、L、N、O 点用焊锡焊好,将 R_P 置中间位置。接通 12 V 直流电源,进行电路调整与测试。

①静态工作点的调整和测试

电压测试:

调整基极上偏置电阻 R_P,使晶体管 V 的发射极电压 V_E 为 1.5 V 左右,用万用表测量基极电压 V_B、集电极电压 V_C,并计算出发射结电压 V_{BE}。记入表 6.6 中。

电流测试:

焊开 F 点,串入电流表测 V 的基极静态电流 I_B,恢复 F 点;

焊开 H 点,串入电流表测 V 的集电极静态电流 I_C,恢复 H 点;

焊开 N 点,串入电流表测 V 的发射极静态电流 I_E,恢复 N 点;

将三次测试结果记入表 6.5 中。

电流放大系数 β 的计算:

运用 $β = I_C/I_B$ 算出晶体管的电流放大系数,记入表 6.5 中。

表 6.5 静态工作点的参数数据

电压/V		电流/mA		电流放大系数 β	三极管的工作状态
V_B		I_B			
V_C		I_C			
V_{BE}		I_E			

②电压放大倍数的测量

使用普源 DG1022U 信号发生器输出 1 000 Hz,10 mVrms 正弦信号,加到放大器输入端(IN),用优利德 UT802 台式数字万用表分别测试输入、输出端(OUT)电压的有效值,用 AV = V_O/V_I 计算出空载时的电压放大倍数,记入表 6.6 中。

表 6.6　电压放大倍数的测量数据

输入电压(IN)	输出电压(OUT)	电压放大倍数

③放大波形的观察

将普源 DG1022U 信号发生器输出 1 000 Hz,10 mVpp 正弦信号,加到放大器输入端(IN),用普源 DS1072E – EDU 示波器观察输入、输出波形。画出波形记录在表 6.7 中,并比较波形的不同。

表 6.7　波形的观察记录

输入电压波形(IN)	输出电压波形(OUT)	波形比较结论
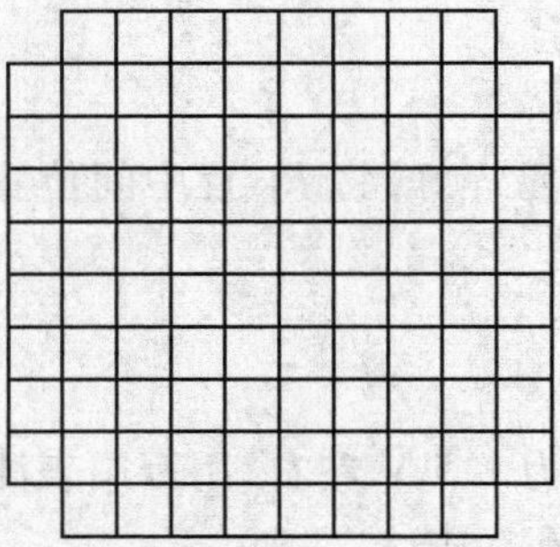	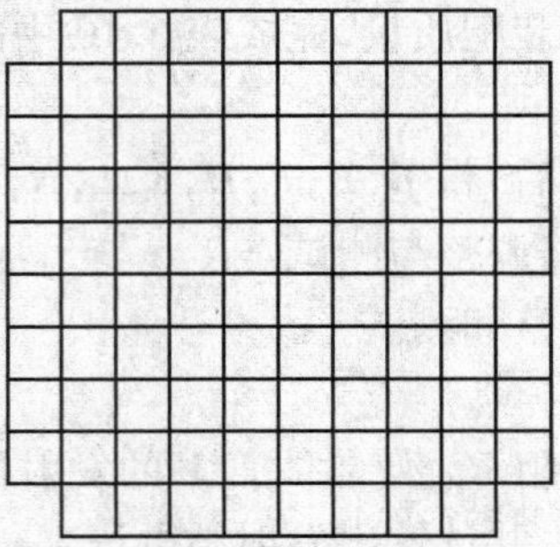	

(4)维修实训

①静态时的故障测试分析

利用电路板上的各断点设置故障,把电路产生故障的相关数据记入表 6.8 中,并判断出三极管的工作状态。

开路性故障点:

焊开 B 点,相当于上偏置电阻开路,用万用表测试三极管 V 各极对地电压,判断出三极管的工作状态。恢复 B 点。

焊开 E 点,相当于下偏置电阻开路,用万用表测试三极管 V 各极对地电压,判断出三极管的工作状态。恢复 E 点。

焊开 H 点,相当于集电极偏置电阻开路,用万用表测试三极管 V 各极对地电压,判断出三极管的工作状态。恢复 H 点。

焊开 N 点,相当于发射极偏置电阻开路,用万用表测试三极管 V 各极对地电压,判断出三极管的工作状态。恢复 N 点。

短路性故障点:

短接 C 点,相当于上偏置电阻减小,用万用表测试三极管 V 各极对地电压,判断出三极管的工作状态。恢复 C 点。

短接 D 点,相当于下偏置电阻为零,用万用表测试三极管 V 各极对地电压,判断出三极管的工作状态。恢复 D 点。

短接 M 点,相当于发射极偏置电阻为零,用万用表测试三极管 V 各极对地电压,判断出三极管的工作状态。恢复 M 点。

短接 G 点,相当于三极管 bc 极短路,用万用表测试三极管 V 各极对地电压,判断出三极管的工作状态。恢复 G 点。

短接 J 点,相当于三极管 ce 极短路,用万用表测试三极管 V 各极对地电压,判断出三极管的工作状态。恢复 J 点。

短接 I 点,相当于三极管 be 极短路,用万用表测试三极管 V 各极对地电压,判断出三极管的工作状态。恢复 I 点。

表 6.8　故障分析

故障点		测试电压/V			三极管工作状态
		V_B	V_C	V_E	
开路性	B 点				
	E 点				
	H 点				
	N 点				
短路性	C 点				
	D 点				
	M 点				
	G 点				
	J 点				
	I 点				

②动态时的故障分析

表 6.9　动态故障分析

故障点		输出电压有效值/mV	分析原因
开路性	A 点		
	B 点		
	E 点		
	F 点		
	K 点		
	L 点		
	N 点		
	O 点		
短路性	C 点		
	D 点		
	I 点		
	J 点		
	G 点		
	M 点		

将普源 DG1022U 信号发生器输出 1 000 Hz,20 mVrms 正弦信号,加到放大器输入端 (IN),用优利德 UT802 台式数字万用表测试输出端的电压有效值,记入表 6.9 中。

开路性故障点:

分别将 A,B,E,F,K,L,N,O 点断开,然后依次测试输出电压有效值。填表后恢复故障点。

短路性故障点:

分别将 C,D,I,J,G,M 点短路,然后依次测试输出电压有效值。填表后恢复故障点。

(5)成绩评定

表6.10　成绩评定表　　　　　　学生姓名_____

评定类别	评定内容		得分
实训态度(5分)	态度端正5分,较好3分,差0分		
工艺(30分)	布局(6分)	合理美观	
	走线(6分)	横平竖直,整洁清晰	
	元件安装(6分)	极性正确,高度符合标准	
	焊点、引脚(6分)	焊点圆滑、光亮,无虚焊、搭焊、散锡。剪脚后留头 1 mm 左右	
	整体评价(6分)	装配美观、均匀、整齐、不倾斜、高矮有序	
调整与测试(35分)	(1)会正确调试静态工作点10分 (2)会正确测试电压放大倍数10分 (3)会正确观察放大的波形并画出波形10分 (4)操作规范5分		
维修实训(30分)	(1)能完成静态时的故障分析15分 (2)能完成动态时的故障分析15分		
总　分			

思考与习题六

1.三极管的三种工作状态的电路特点分别是什么?

2.使用万能板搭建电路的注意事项有哪些?

3.装配工艺的要求有哪些?

4.在实训中测得某三只三极管三引脚对地电压为:

V_1:①7 V,②1.8 V,③2.5 V;

V_2:①－2.9 V,②－3.1 V,③－8.2 V;

V_3:①7 V,②－1.8 V,③6.3 V。

试判断三极管的电极、管型、所用的材料及工作状态。

实训七 串联型稳压电源的安装与调试

一、知识准备

1. 串联型稳压电源实验电路的结构及工作原理

（1）串联型稳压电源方框图（见图7.1）

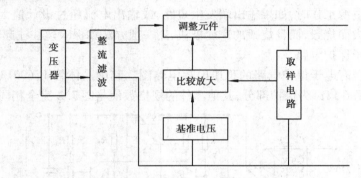

图7.1 串联型稳压电源方框图

（2）串联型稳压电源实验电路原理图（见图7.2）

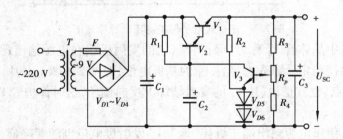

图7.2 串联稳压电源原理图

（3）工作原理

电源变压器 T 次级的低压交流电，经过整流二极管 $V_{D1} \sim V_{D4}$ 整流，电容器 C_1 滤波，获得直流电，输送到稳压部分。稳压部分由复合调整管 V_1，V_2，比较放大管 V_3 及起稳压作用的硅二极管 V_{D5}，V_{D6} 和取样电路 R_3，R_4，电位器 R_p 等组成。晶体三极管集电极、发射极之间的电压降简称管压降。复合调整管上的管压降是可变的，当输出电压有减小的趋势，管压降会自动地变小，维持输出电压不变；当输出电压有增大的趋势，管压降又会自动地变大，仍维持输出电压不变。可见，复合调整管相当于一个可变电阻，由于它的调整作用，使输出电压基本上保持不变。复合调整管的调整作用是受比较放大管控制的，输出电压经过取样电路 R_3，R_4，电位器 R_p 分压，输出电压的一部分加到 V_3 的基极和地之间。由于 V_3 的发射极对地电压是通过二极管 V_{D5}，V_{D6} 稳定的，可以认为 V_3 的发射极对地电压是不变的，这个电压叫做基准电压。这样 V_3 基极电压的变化就反映了输出电压的变化。如果输出电压有减小趋势，V_3 基极、发射极之间的电压也要减小,这就使 V_3 的集电极电流减小,集电极电压增大,这就使复合调整管加强导通,管压降减小,维持输出电压不变。同样,如果输出电压有增大的趋势,通过 V_3 的作用又使复合调整管的管压降增大,维持输出电压不变。

V_{D5},V_{D6} 是利用在正向导通的时候正向压降基本上不随电流变化的特性来稳压的。硅管的正向压降为 0.7 V 左右。两只硅二极管串联可以得到 1.4 V 左右的稳定电压。R_2 是提供 V_{D5},V_{D6} 正向电流的限流电阻。R_1 是 V_3 的集电极负载电阻,又是复合调整管基极的偏流电阻。C_2 是考虑到电压降低的时候,为了减小输出电压的交流成分而设置的。C_3 的作用是降低稳压电源的交流内阻和纹波。

(4)稳压电源的短路保护电路

晶体管稳压电源工作时,如果输出端发生短路,或输出电流超过设计值太多,调整管就可能因通过电流过大而烧毁,而且烧毁的速度极快,用一般办法如保险丝往往起不到保护作用。

①截止式电子保护电路

图 7.3 是一台有电子保护电路的稳压电源电路图。其中晶体管 V_4(9013)与微调电位器 R_{p2}(10 kΩ),R_5(1.6 kΩ)为保护部分,其他零件的规格数值与图 7.2 完全相同。

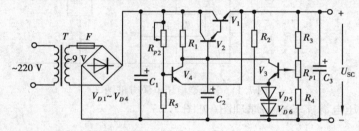

图 7.3　截止式电子保护稳压电源原理图

工作原理:电路中晶体管 V_4 称为"保护管",它的发射极接在电源输出端。稳压电源正常工作时,它的电位保持稳定。事先选择好 V_4 的基极电位,即调节好 R_{p2},使 V_4 的基极电位比发射极电位略"低"一点,也就是说,让 V_4 的发射结加上反向偏压,这时保护管 V_4 截止,不影响稳压电路的正常工作。

当负载短路时,稳压电源输出端正极接"地",V_4 发射极电位也随着降低,变成低于基极电位,这时发射结加上了正向偏压,使 V_4 导通。由于 V_4 的集电极与复合调整管的基极相连,使复合调整管截止,切断输出电流,起到保护作用。

这种电路保护动作灵敏可靠,不影响电源性能,但因保护管的工作状态与输出电压高低有关,所以不适用于输出电压要随时调整的电源。

②限流式电子保护电路

图 7.4 是装有限流式保护电路的稳压电源,保护电路由 R_{p2}(10 kΩ),R_5(160 Ω),R_6(3 Ω)及 V_4(9013)组成。其他零件与图 7.2 完全相同。

工作原理:电路中 R_{p2},R_5 组成分压电路,确定晶体管 V_4 发射极电位。电源工作时,输出电流 I_L 同时通过电阻 R_6,产生电压降 V_{R6},$V_{R6} = I_L \times R_6$,其极性是右正左负。因此,V_4 发射结上的电压 $V_{BE} = V_{R6} - V_{R5}$。

稳压电源正常工作时 I_L 较小,电压降不足以使 V_4 导通,所以 V_4 等保护电路不妨碍电源工作。当发生短路或负载变化使输出电流增大时,V_{R6} 也随着增大,使 V_4 的基极电压升高。当输

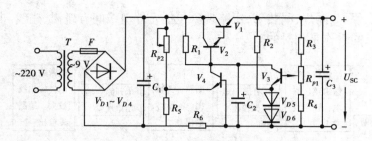

图 7.4　限流式电子保护稳压电源原理图

出电流大到一定值时,V_4 将导通,使复合调整管因基极电位降低而趋于截止,限制了输出电流。

这种保护电路的优点是:它的工作状态受输出电压影响小,适合在输出电压经常变动的稳压电源中使用。这个电路要增加点电源内阻,所以在保证保护电路可靠的前提下,R_4 应尽量选小些。

(5)检修方法

在调试过程中若出现故障可按下面介绍的方法进行检修。

①电压检查法

用万用表电压挡按图 7.5 所示步骤测量电压,把测出来的数据进行分析比较,从而判断故障,对故障进行排除。

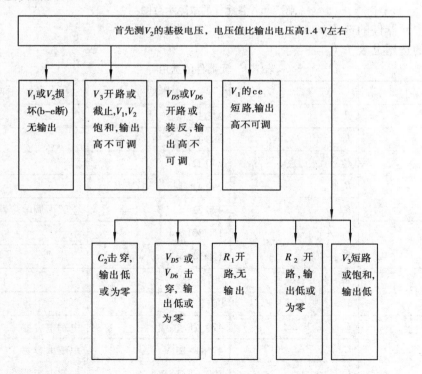

图 7.5　电压检测程序图

②电路元件故障图示

图 7.6 所示为由于元器件损坏而引起电路故障的现象。图中的断路、开路现象包括元件

71

本身的引线断裂、假焊、漏焊、漏装等,短路现象包括元件引线间有碰锡、碰线、击穿等。对图中所罗列的情形,只能看作是相对的。

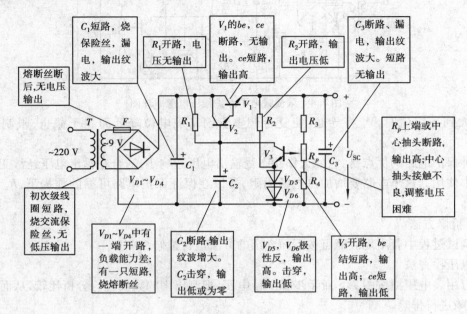

图 7.6　各元件的故障示意图

2. 电路中元器件的选用

元器件的选用见表 7.1。

表 7.1　元器件的选用

类　别	编　号	规格型号	备　注
电阻	R_1	2 kΩ	
	R_2	680 Ω	
	R_3	240 Ω	
	R_4	240 Ω	
	R_P	470 Ω	立式微调电位器
二极管	$V_{D1} \sim V_{D4}$	1N4001 ×4	
	$V_{D5} \sim V_{D6}$	1N4148 ×2	
三极管	$V_1 \sim V_2$	9013 ×2	
	V_3	9011	
电容器	C_1	470 μF/16 V	电解电容器
	C_2	47 μF/16 V	电解电容器
	C_3	100 μF/16 V	电解电容器
电源变压器	T	220 V/9 V	

续表

类 别	编 号	规格型号	备 注
熔断丝	F	0.5 A	
熔断丝座		1 套	
接线固定片		若干	
电源线		1 根	
黑胶布		若干	
万能板		1 块	
细导线		若干	

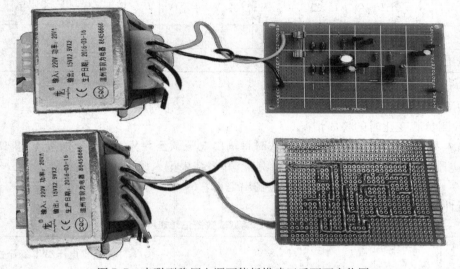

图 7.7　串联型稳压电源万能板搭建正反两面实物图

说明:此电路板可作为串联型稳压电源实验电路,加上晶体管 V_4(9013)与微调电位器 R_{P2}(10 kΩ), R_5(1.6 kΩ)保护部分,可以作为截止式电子保护电源实验电路; R_{P2}(10 kΩ), R_5(160 Ω), R_6(3 Ω)及 V_4(9013)可作为限流式电子保护电源实验电路。

二、技能实训

1.实验内容

串联型稳压电源的安装与调试。

2.实训目的

①熟悉串联型稳压电源工作原理,掌握串联型稳压电源主要技术指标的测试方法。

②了解串联型稳压电源故障的判断及排除方法。

③学会稳压电源的安装。

3.实训器材

①优利德 UPT3705S 直流稳压电源;

②优利德 UT802 台式数字万用表;

③普源 DG1022U 信号发生器;

④普源 DS1072E-EDU 数字示波器;

⑤实验图元器件及万能板。

4. 实训步骤

①按串联型稳压电源原理图在万能板上搭建电路,如图7-7 所示,装完后按表7.6 完成成绩评定。

②检查元器件安装正确无误后,接通电源,调节 R_p,使输出电压为 3~6 V,按表7.2 中的内容检测电路有关数据记入该表中。

表7.2　稳压电路电压检测记录

输入端电源电压/V	C_1 两端电压/V	V_1		V_2		V_3		稳压管 V_{D5}, V_{D6} 两端电压/V	空载输出电压/V
		U_{BE}/V	U_{CE}/V	U_{BE}/V	U_{CE}/V	U_{BE}/V	U_{CE}/V		
三极管工作状态									

③检测稳压性能。

• 检测负载变化时的稳压情况

使输入9 V 交流电压保持不变,空载时将输出电压调至 6 V。然后分别接入18 Ω,12 Ω,6 Ω负载电阻 R_L,按表7.3 中的内容进行测量,并将结果记入该表中,最后按照

$$稳压性能 = (输出电压 - 6)/6 \times 100\%$$

进行计算,将计算结果记入表7.3。

表7.3　稳压性能测试数据记录表(一)

输入交流电压/V	C_1 两端电压/V	U_{CE1}/V	U_{CE2}/V	U_{C3}/V	R_1/Ω	输出电压/V	稳压性能/%
9					∞		
					18		
					12		
					6		

• 检测输入电压变化时的稳压情况

将负载电阻固定为12 Ω,在输入交流电压为9 V 时,调节 R_p 使输出电压为 6 V,在表7.4 中记下相关数据。然后调节交流调压器,依次将输入交流电压调至 11 V,7 V,仍按实验表7.4 所列内容记下有关数据,按(实验7.1)式计算出稳压性能,记入表7.4 中。

表7.4　稳压性能测试数据记录表(二)

输入交流电压/V	C_1 两端电压/V	U_{CE1}/V	U_{CE2}/V	U_{C3}/V	R_1/Ω	输出电压/V	稳压性能/%
9					12	6	
11					12		
7					12		

④观察输出电压波形。

将示波器接入稳压电源输出端,观察直流电压波形。断开 C_2,C_3 观察输出电压波形,再断开 C_1 观察输出电压波形。

将上述测量和观察结果一并记入表7.5中。

表7.5　波形的观察记录

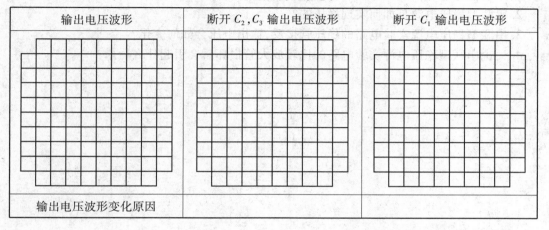

输出电压波形	断开 C_2,C_3 输出电压波形	断开 C_1 输出电压波形
输出电压波形变化原因		

5. 成绩评定

表7.6　成绩评定表　　　　　　　　学生姓名＿＿＿＿＿＿＿

评定类别		评定内容	得分
实训态度(5分)		态度好、认真5分,较好3分,差0分	
万用表使用(5分)		正确5分,有不当行为酌情扣分	
实训步骤	工艺(30分)	布局(6分)　合理美观	
		走线(6分)　横平竖直,整洁清晰	
		元件安装(6分)　极性正确,高度符合标准	
		焊点、引脚(6分)　焊点圆滑、光亮,无虚焊、搭焊、散锡。剪脚后留头 1 mm 左右	
		整体评价(6分)　装配美观、均匀、整齐、不倾斜、高矮有序	
	电压检测(25分)	能正确检测15分,正确填表10分,错误一处扣5分,扣完为止	
	检测稳压性能(25分)	能正确检测15分,正确填表10分,错误一处扣5分,扣完为止	
	观察输出电压波形(10分)	能正确观察记录10分,错误一处扣5分,扣完为止	
总分			

思考与习题七

1. 串联型稳压电源主要由哪几部分组成?
2. 串联型稳压电源是如何实现稳压的?
3. 串联型稳压电源实验电路的稳压管接反,输出电压会如何变化?
4. 讨论串联型稳压电源实验电路的比较放大管损坏后会引起什么后果?

实训八 OTL功率放大器安装与调试

一、知识准备

1. OTL功率放大电路的结构、信号流程及安装要点

（1）电路结构（见图8.1）

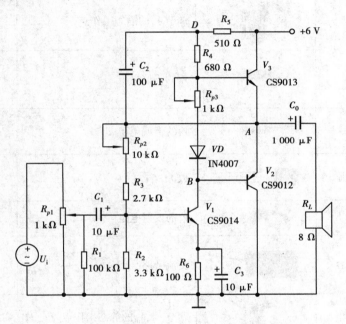

图8.1 OTL功率放大器电路图

（2）信号流程

信号→R_{p1}→C_1→V_1电压放大→V_2,V_3功率放大→C_0→R_L

（3）工作原理

前置级输入信号较弱,经前置级进行电压放大,达到功率放大级输入信号要求,再经功率放大后推动扬声器发声。自举升压电路在正半周大信号时自动提高D点电位,使D点电位大于电源电压,避免大信号失真。

2. 电路中元器件的作用（见表8.1）

表8.1 OTL功率放大电路的元件作用及参数

元件编号	元件类别	实物图	作 用	备 注
R_{P1}	精密可调电位器		改变输入信号的强度	1 kΩ

续表

元件编号	元件类别	实物图	作　用	备　注
R_1	电阻		防止因 R_{P1} 开路产生噪声	100 kΩ
C_1	电解电容		耦合信号	10 μF/25 V
R_{P2}	可调电阻		调节 V_1 的静态工作点	10 kΩ
R_2	电阻		V_1 的下偏电阻	3.3 kΩ
R_3	电阻		V_1 的上偏电阻	2.4 kΩ
V_1	三极管		放大	CS9014
R_6	电阻		V_1 的发射电阻	100 Ω
C_3	电解电容		交流旁路	100 μF/25 V
R_{P3}	可调电阻		调节 V_2, V_3 的静态工作点	1 kΩ
VD	二极管		V_2, V_3 的静态工作点	IN4007
R_4	电阻		V_3 的基极电阻	680 Ω
R_5	电阻		与 C_2 组成自举电路	510 Ω
V_2	三极管		功率放大	CS9012

续表

元件编号	元件类别	实物图	作　用	备　注
V_3	三极管		功率放大	CS9013
C_0	电解电容		输出耦合信号	1 000 μF/25 V
R_L	扬声器		将电信号转换为音频信号	8 Ω

二、技能实训

1. 实训内容

OTL功率放大器安装与调试。

2. 实训目的

通过安装调OTL功率放大器,使学生进一步掌握OTL功率放大器的工作原理,安装、调试的规范化要求。

3. 实训器材

万用表、A4打印纸、电烙铁及支架、焊锡丝、助焊剂、表8.1所列元器件、6 V直流电源、信号源。

4. 实验步骤

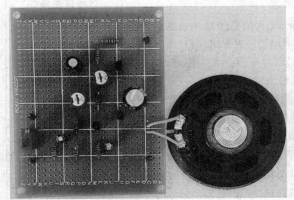

图8.2　OTL功率放大器万能板搭建正反两面实物图

(1)将实训器材按规范放好,注意安全,避免使用电烙铁时的烫伤事故和触电事故。

(2)将元件编号写在A4纸上,再将元件排列在旁边。

（3）将清单上元件刮脚镀锡作备用,用万用表对镀锡的元件进行检测,保证镀锡元件不因镀锡时产生的高温而损坏。检测后将搪锡好的元件按编号顺序粘贴到 A4 纸上。

（4）按照上个实训所讲方法,在万能板上搭建电路,如图 8.2 所示。

（5）焊接与安装。

①对需要焊接的元件先整形,按印刷板所标的元件编号位置插入印刷板孔位进行焊接,在焊接中注意不虚焊、假焊,焊点光亮、圆润。

②对焊好的元件进行再整形,力求保证整洁、美观。

（6）调试要点。

①静态调试(调中点电压)。

调试要点见表 8.2 所示。

表 8.2　OTL 功率放大器调试要点

中点电位检测	操作规程
	万用表选用合适的直流电压挡,红表笔接 A 点,黑表笔接地,万用表电压显示应为电源电压的一半
	若中点电压不为电源电压的一半,则用螺丝刀调节 R_{p2},使中点电压为电源电压的一半

②动态调试。

由低频信号源提供频率为 1 kHz 的正弦波信号充当电路中的输入信号"u_i",在扬声器 R_L 两端接上示波器,通电对电路的动态性能进行调试,调试步骤及方法见表 8.3 所示。

表 8.3　功放电路的动态调试

调试步骤	调试内容	调试方法	测试结果
第一步	功放管配对调试	A）β 值配对调试:调节输入信号的幅度大小,观察示波器输出信号波形,当正、负半周信号对称时,两只三极管的 β 值配对良好。如果波形不对称,说明配对不好,则更换功放管,直到 β 值配对良好为止 B）功放管饱和压降配对调试:继续增大输入信号幅度的大小,输出波形的正负半周会先后出现削顶失真,若它们同时出现,则说明在饱和压降上配对良好。如果不是同时出现,则更换其中一只三极管,直到配对良好为止	—
第二步	最大不失真输出功率测试	A）增大输入的正弦波信号幅度,使输出波形的正负半周都刚好不出现削顶失真,读出此时的输出信号电压幅度 U_{om} B）利用公式 $P_{om} = \dfrac{U_{om}^2}{2R_L}$,计算出最大不失真功率	$P_{om} =$ ＿＿＿＿ W

5. 成绩评定

表 8.4 成绩评定表 学生姓名＿＿＿＿＿＿＿＿

评定类别	评定内容	得分
实训态度(10分)	态度好、认真10分,较好7分,差0分	
万用表使用(4分)	正确4分,有不当行为酌情扣分	
实训器材安全(10分)	万用表损坏扣2分,丢失或损坏一个电阻扣1分,扣完为止	
电路调试(50分)	调整中点电压20分 电路能够正常工作30分	
焊接工艺(16分)	焊点圆润、光亮16分 虚焊、错焊、漏焊每一个扣2分,直至扣完	
安装工艺(10分)	元件整形美观,整洁10分 元件整形不规则酌情扣分	
总 分		

思考与习题八

1. OTL 电路原理是什么?

2. 调节中点电压是调节哪一个电位器?

3. 安装注意事项有哪些?

※实训九　超外差式收音机的安装与调试

一、知识准备

收音机是一种接收无线电广播的设备,从结构上看,收音机有直放式和超外差式两种。直放式收音机结构简单,但性能较差。常见的是超外差式收音机,它具有灵敏度高、选择性好、音质好、性能稳定等优点。

根据无线广播信号调制的方式不同,收音机分为调幅收音机和调频收音机。这里介绍超外差式调幅收音机。

1. 超外差式收音机的电路结构和工作原理

（1）超外差式收音机的电路组成

超外差式收音机主要由输入回路、变频级、中放电路、检波、AGC 电路、低放、功放、扬声器及电源等组成,如图9.1 所示。其中变频级又包括本振和混频这两部分。

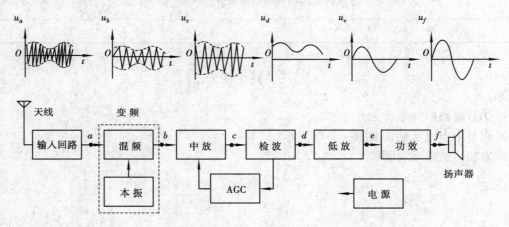

图9.1　超外差式收音机电路组成方框及波形图

（2）超外差式收音机的工作过程

超外差式收音机的工作过程如表9.1 所示。

表9.1　超外差式收音机的工作过程

序号	电　路	工作过程
①	天线及输入回路	天线接收由天空传来的各种无线电广播信号,经过输入回路进行选择,选出要接收的电台信号,并送到变频级

序号	电路	工作过程
②	变频	变频级由本振电路和混频电路两部分组成。本振电路的作用是产生一个本机振荡信号 f_0,送到混频电路。同时,输入回路选出的电台信号(设为 f_L)也送到了混频电路,两个信号在混频电路中进行混频,差出 465 kHz 的固定中频信号 f_I,送往中放级,即,$f_o - f_L = f_I$ 实际的变频级一般都由一个三级管组成,即本振和混频两个功能由一个三极管同时完成
③	中放	中放级一般由 2 级选频放大器组成,对 465 kHz 的固定中频信号进行放大
④	检波	465 kHz 的固定中频信号是一个调幅信号,其包络线即是所接收电台的音频信号。检波器的作用就是从调幅信号中将该音频信号解调出来
⑤	AGC 电路	AGC 电路是自动增益控制电路的简称,其作用是根据电台信号的强弱自动调节中放级的放大能力,保证接收强信号电台和弱信号电台时音量差别不大
⑥	低放	对声音信号进行前置放大,为功放级提供足够的激励信号
⑦	功放	对声音信号进行功率放大,推动扬声器发出声音
⑧	电源	为整机供电。有的用于电池,有的用 220 V 电网电压经过收音机内的稳压电源来获得

在以上的工作过程中,各级信号在不断发生变化,各点的波形见图 9.1 所示。a 点为所接收的外电台高频调幅波信号,b 点为变频级输出的 465 kHz 的中频调幅信号,c 点是放大了的中频调幅信号,d 点是检波输出的音频信号,e 点和 f 点是经过放大的音频信号。信号的波形可以通过示波器进行检测和观察。在收音机的安装、调试和维修过程中,可以通过波形检测来判断电路的工作情况和故障的大致部位。

(3)超外差式收音机典型电路

晶体管超外差式调幅收音机典型电路如图 9.2 所示。

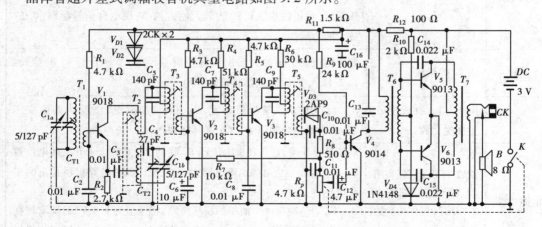

图 9.2　晶体管超外差式调幅收音机典型电路

该收音机各部分电路的组成和作用见表9.2。

表9.2　实习机各部分电路的组成和作用

电　路	组　成	元件的作用和电路的工作过程
输入回路	由 C_{1a} , C_{T1} 及 T_1 的初级组成	C_{1a} 是双联可变电容的一联, C_{T1} 是微调电容,与双联可变电容封装在一起, T_1 是磁棒天线。输入回路选出的电台信号经过磁棒天线次级送到变频级
变频级	三极管 V_1 既是本振管,也是混频管。 C_{1b} , C_{T2} , C_4 及 T_2 构成本振网络	C_{1b} 是双联可变电容的另一联,与 C_{1a} 是同轴联动的,以保证本振频率始终比接收的外电台信号高一个465 kHz的固定中频; C_4 为本振回路的垫整电容,用以改进对整个波段范围内各电台的接收能力; T_2 为振荡线圈。本机振荡信号由本振线圈的中心抽头经 C_3 耦合,送到混频管的发射极,与送到基极的外电台信号在混频管中进行混频,差出465 kHz的中频信号,由 V_1 的集电极输出。 另: T_3 是中频变压器,简称中周(后边的 T_4 , T_5 也是中频变压器)。 T_3 的初级与 C_5 构成465 kHz的中频选频网络,经 T_3 耦合到次级,送到中放管 V_2 基极
中放级	中放由两级选频放大器组成: V_2 为第一级中放, V_3 为第二级中放	中放的作用是对465 kHz的中频信号进行放大。 C_7 , T_4 构成 V_2 的集电极选频网络,其谐振频率为465 kHz; C_9 , T_5 构成 V_3 的集电极选频网络,其谐振频率也为465 kHz
检波级	检波电路主要由 V_{D3} , C_{10} , R_8 , C_{11} , R_P 等组成	检波级的作用是从465 kHz的中频调幅波信号中解调出音频信号。 V_{D3} 为检波二极管, C_{10} , R_8 , C_{11} 构成"π"型滤波器, R_P 为音量电位器,同时也充当检波负载。检波级输出的音频信号经过音量电位器的中心抽头输出
AGC电路	由 R_7 , C_5 及 V_2 等完成AGC功能	电台信号的强弱使检波输出的音频信号也相应地产生强弱变化,通过 R_7 , C_5 变成平稳的直流电压加到 V_2 的基极,以改变 V_2 的偏置电压,从而改变它对信号的放大能力。电台信号越强,使 V_2 的基极电压越低(负极性检波), V_2 的放大能力越小;而电台信号越弱, V_2 的放大能力越强
低放	由 V_4 等组成	音量电位器中心抽头输出的音频信号经过 C_{12} 耦合到 V_4 的基极。 T_6 是输入变压器,起信号耦合作用
功放	由 V_5 , V_6 组成甲乙类推挽功放	R_{10} , V_{D4} 为两功放管提供偏置, C_{14} , C_{15} 为消振电容, T_7 为输出变压器,耦合输出音频信号。 CK 是耳塞插孔, B 是扬声器
电源电路	该收音机电源采用两节干电池,即图中的" DC ",提供3 V的直流电压	K 是电源开关,它与音量电位器 R_P 联动, R_P 是一个带开关的电位器 R_{12} , C_{16} 构成一个电源退耦电路,为功放级以前的电路提供稳定的工作电压 R_{11} , V_{D1} , V_{D2} 构成一个简单的稳压电路,稳压值为1.4 V,为要求较高的变频级 V_1 和前置放大级 V_4 提供稳定的偏置电压,以提高收音机的稳定性

2.超外差式收音机主要技术指标的调整

（1）超外差式收音机的主要技术指标

收音机的主要技术指标包括频率范围、灵敏度、选择性、输出功率等。

①频率范围

收音机的频率范围反映了收音机能收的电台频段的宽窄，也可把频率范围称作频率覆盖。我国无线电收音广播的频率范围见表9.3。

表9.3　我国无线电收音广播的频率范围

调幅广播	中波段	535 k ~ 1605 kHz
	短波段	1.6 M ~ 26 MHz
调频广播	87 M ~ 108 MHZ	

每一个频段内要进行电台分配，原则上一个频率只能由一个电台使用。两个电台之间应有一定的频率间隔，即每一电台要占用一定的频带宽度，我国规定：调幅广播一个电台的带宽为 9 kHz，调频广播一个电台的带宽为 100 kHz。实际上，也有两个电台使用同一频率的，但这两个台的地理位置相距应足够远，不能出现互相干扰的现象。

由上表可知：调幅广播分作中波段和短波段，有的收音机又将短波段分作几个小段，形成多波段收音机。在本实训中，只针对调幅广播的中波段进行讲解。

一个性能良好的调幅中波段收音机，其频率范围应能覆盖整个 535 k ~ 1 605 kHz 的中波频段，即应能接收这个范围内的所有电台。

②灵敏度

灵敏度反映收音机接收弱电台信号的能力大小，一般用输入端必须输入的最小信号值来表示，单位为毫伏/米（mV/m）。显然，该值越小，表明收音机的灵敏度越高。

③选择性

指收音机选择不同电台的能力。选择性的大小一般用分贝表示，分贝数越大，选择性越好。

④输出功率

一般用标称功率表示收音机的输出功率大小，它是收音机的额定输出功率。

（2）收音机的性能指标的调试

①静态工作点的调试

收音机中，各级放大电路的作用不同，使三极管的工作点也不一样。一般可以通过调整各级放大器的偏置电阻来调整其工作点。

在收音机的安装与调试中，各级的工作点通过静态集电极电流的大小来反映。在 3 V 电源电压下，收音机各级电流大致如表9.4所示。

表9.4　收音机各级的大致电流

电　路	变频级	一中放	二中放	前置放大	功　放
三极管	V_1	V_2	V_3	V_4	V_5, V_6
工作电流/mA	0.3	0.5	0.6	2	2 ~ 4

②统调

调整收音机的性能,最重要的内容就是进行统调。所谓统调,就是通过调试收音机的输入回路、本机振荡回路、中放回路等电路的频率,从而达到在接收的整个频率范围内,收音机具有良好的频率跟踪特性。统调也称跟踪调整,要求在接收的频率范围内,当接收任一频率的电台时,本机振荡频率与接收的外电台信号频率通过混频电路后,都应该输出标准的 465 kHz 的中频频率信号,以保证收音机对每一个电台信号的接收质量和效果。

收音机通过双联可变电容来同时改变输入回路的谐振频率和本机振荡频率,理想状态下,在整个波段频率范围内,本机振荡频率与输入回路谐振频率之差应该保持为 465 kHz 不变,但实际情况并没有这么理想,由于本机振荡电路与输入回路分属不同的谐振回路,且它们的谐振频率也不同,虽然输入回路和本机振荡电路的谐振电容是同步联动的,但由于电路参数的差异,很难保证在整个接收频率范围内都能准确地差拍出 465 kHz 中频。为此,在实际电路中都作了一些补偿措施,并且要对收音机作相应的跟踪调整。

跟踪调整一般采用三点跟踪,即在高、中、低三点进行调整,从而保证收音机在整个波段内的频率覆盖。收音机的频率范围、灵敏度、选择性等性能指标的调整都通过统调来实现。

统调可以通过四个步骤来完成,其步骤与调整方法见表 9.5 所示。

表9.5 收音机统调的步骤

顺 序	调整内容	调整方法
第一步	中频频率的校准	要使两级中放的选频网络都准确地谐振在 465 kHz 的中频频率上,有两种方法。1)校准中频的简易方法:使用无感螺丝刀,由后往前调整中频变压器的磁芯,使音量最大。反复调整 2～3 次即可。2)中频的仪器校准法:使用 465 kHz 信号发生器,将 465 kHz 信号输入到变频管的集电极,用万用表的直流电压挡测 AGC 电压(图 9.3 中的 C_6"＋"端对地电压),分别调整几个中周的磁芯,使 AGC 电压最小即可
第二步	低端跟踪调整	调整时利用刻度盘,旋动双联可变电容器,在波段的低端(650 kHz 附近)接收一个已知频率的本地强信号电台,当接收到电台声音后,看此时调谐刻度指针所指的频率是否和所接收电台的频率一致,如果不一致,可调整本机振荡线圈的磁芯,并同时旋动调谐旋钮,直到刻度指针所指示的频率与接收电台的频率一致。然后调整输入回路线圈在磁棒上的位置,使声音最大为止
第三步	高端跟踪调整	旋动双联可变电容器,收听在高端 1 500 kHz 附近的一个已知频率电台广播,调整刻度盘,使指针所指频率与该电台频率一致,再调整振荡回路微调电容(图 9.3 中的 C_{T2}),调出该电台的声音,并通过调整该电容使声音最大
第四步	中端跟踪调整	当高、低端均调好以后,中端一般不需要调整。如果中部确实有一些电台收不到,需要进行中端跟踪调整时,可以通过改变垫整电容(图 9.3 中的 C_4)的容量来实现

调试时要低端、高端反复调整几次。

第二、三、四步实现的是三点跟踪调整,简称三点统调。在统调过程中,要将第二、三步反复调整 2~3 次,使高低端都调准。

③提高收音机灵敏度的其他方法

提高收音机灵敏度的其他方法如表 9.6 所示。

表 9.6　提高收音机灵敏度的其他方法

	方　　法	具体操作	注意事项
1	加强本振耦合	适当提高本机振荡信号耦合到混频管发射极的耦合电容容量,可提高混频级的效率,从而提高整机的灵敏度	耦合电容不能太大
2	减小变频级偏置电阻	适当减小变频管的基极偏置电阻,略为提高变频管的工作电流,可以适当增加混频级的增益,使整机灵敏度提高	电流不能过大,一般增大量不能超过 0.15 mA,同时要保证本振能正常起振,这种方式调整灵敏度后,整机要重新进行统调
3	减小负反馈	有的收音机的中放管发射极接有负反馈电阻,对这种收音机,适当减小第一中放管的发射极电阻值,一方面增加了此级的工作电流,另一方面也减小了负反馈量,使此级增益大大提高,从而提高整机的灵敏度	电阻减小后阻值不能低于原来的 60%

表 9.6 中指出了提高收音机灵敏度的几种方法,在使用时要根据实际情况灵活运用。

二、技能实训

1. 实训内容

超外差式收音机的安装与调试,这里以“中夏牌 S66D 型袖珍收音机”为实训样机。

2. 实训目的

(1)学会识读收音机的电路图;

(2)识别收音机的各个组件和元器件,会检测和判断各元器件的好坏;

(3)能正确地安装收音机;

(4)能够对收音机进行正确的调试;

(5)会分析处理收音机的一些常见故障。

3. 实训器材

实训器材清单如表 9.7 所示。

表 9.7　实训器材清单

器材名称	数　　量
实训收音机套件	1 套
万用表(机械表或数字表均可)	1 只
电烙铁	1 把

续表

器材名称	数 量
焊锡和松香	若干
"＋"和"－"螺丝刀(中小号)	各1把
无感螺丝刀	1把
尖嘴钳	1把
镊子	1只
断线钳	1把
清点元件用的纸盒	1个
A4复印纸,记录用的纸和笔	各1

4. 实训步骤

收音机的安装应遵循以下的原则:"从小到大,从低到高;认准参数,分清引脚;阅读说明,兼顾安全;高矮有序,排布整洁。"

所谓"从小到大,从低到高"是指在元器件安装时,应先装体积较小元件,后装体积较大元件,先装位置较低的元件,后装位置较高的元件。"认准参数,分清引脚"指在元件的安装过程中,要根据图纸的要求正确安装电阻、电容等元件,而对引脚和极性有区分的二极管、三极管、电解电容、电池等元件,要分清引脚,不能装错方向和位置。"阅读说明,兼顾安全"指在收音机的安装前和安装过程中,要阅读好安装说明书,根据说明书的要求进行安装,同时元件的安装顺序要考虑元件的安全因素,对于容易被烫坏的元件(如二极管、三极管等)要后装。"高矮有序,排布整洁"是要求把安装的元件排列整齐,同类元件的安装高度持平,以保证安装板的整洁美观。

当实训器材准备规范以后,可以开始进行实训。实训步骤如下:

(1)熟悉电路原理图

从收音机套件中取出电原理图,如图9.3所示。认真阅读原理图,分析各部分电路的组成结构,为安装作准备。

本收音机电路具有以下的特点:

①没有专门的检波电路,由第二中放管 V_3 的发射结充当检波二极管。

②功放采用有输入变压器而无输出变压器的推挽功放,C_9 为输出耦合电容。

③有一个由发光二极管 LED 和电阻 R_{11} 构成的电源指示电路。

(2)阅读元件清单,整理清点元器件

拿出该收音机的元件清单,见表9.8所示。需要说明的是,表中的三极管 3DG201 实际上一般用 9018(V_1,V_2,V_3)和 9014(V_4)代替。

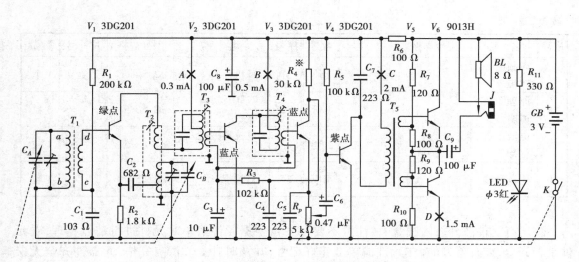

图 9.3　中夏牌 S66D 袖珍收音机原理图

表 9.8　袖珍收音机元件清单

序号	名　称	型号规格	位　号	数量	序号	名　称	型号规格	位　号	数量
1	三极管	3DG201（绿、黄）	V_1	1 支	14	电阻器	120 kΩ,200 kΩ	R_3,R_1	各 1
2	三极管	3DG201（蓝、紫）	V_2,V_3	2 支	15	电位器	5 kΩ（带开关）	R_P	1 只
3	三极管	3DG201（紫、灰）	V_4	1 支	16	电解电容	0.47 μF,10 μF	C_6,C_3	各 1
4	三极管	9013	V_5,V_6	2 支	17	电解电容	100 μF	C_8,C_9	2 只
5	发光二极管	φ3 红	LED	1 支	18	瓷片电容	682,103	C_2,C_1	各 1
6	磁棒线圈	5×13×55 mm	T_1	1 套	19	瓷片电容	223	C_4,C_5,C_7	3 只
7	中周	红、白、黑	T_2,T_3,T_4	3 个	20	双联电容	CBM—223P	C_A,C_B	1 只
8	输入变压器	E 型 6 引脚	T_5	1 个	21	收音机前盖			1 个
9	扬声器	φ58 mm	BL	1 个	22	收音机后盖			1 个
10	电阻器	100 Ω	R_6,R_8,R_{10}	3 只	23	刻度尺、音窗			各 1
11	电阻器	120 Ω	R_7,R_9	2 只	24	双联拨盘			1 个
12	电阻器	330 Ω,1.8 kΩ	R_{11},R_2	各 1	25	电位器拨盘			1 个
13	电阻器	30 kΩ,100 kΩ	R_4,R_5	各 1	26	磁棒支架			1 个

续表

序号	名 称	型号规格	位 号	数量	序号	名 称	型号规格	位 号	数量
27	印制电路板			1块	31	耳机插座	ϕ2.5 mm	J	1个
28	原理图及说明			1份	32	双联及拨盘螺丝	ϕ2.5×5		3粒
29	电池正负簧片			1套	33	电位器拨盘螺丝	ϕ1.6×5		1粒
30	连接导线			4根	34	自攻螺丝	ϕ2×5		1粒

将所有元件散开放入纸盒中(注意不要丢失),根据元件清单对元件进行清点整理,看元件是否齐全,如有差欠的,在元件清单上作好记号,并及时补上。清点完毕,元器件齐全无误后,将元件全部放回元件袋中。

(3)电路板上的元件安装

各元器件安装在印制电路板上,印制电路板上元件的分布如图9.4所示。

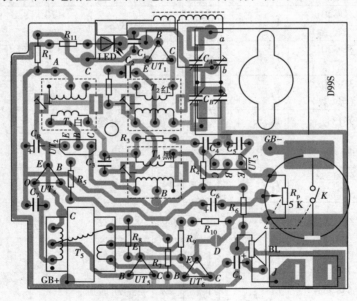

图9.4 印制电路板上元件的分布

①电阻器的安装

根据安装原则,电阻器体积小,安装高度也较低,又不容易损坏,所以应最先安装电阻。

先将所有电阻器(共11只)从元件袋中取出,并取出复印纸,在复印纸上绘出电阻表,并将电阻实体用透明胶带固定在对应的位置上,如表9.9所示。这样整理好后,安装时可以很方便地取用,元件不容易丢失,要暂时收起来也容易——卷起来即可。

表 9.9 电阻器的整理

电阻值/Ω	数量	位置代号	电阻实体
100	3 只	R_6	
		R_8	
		R_{10}	
120	2 只	R_7	
		R_9	
330	1 只	R_{11}	
1.8 k	1 只	R_2	
30 k	1 只	R_4	
100 k	1 只	R_5	
120 k	1 只	R_3	
200 k	1 只	R_1	

电阻的安装采用卧式,根据电阻器整理表,按从上到下的顺序安装。安装时贴近印制电路板,保证各个电阻的高度一致。安装完后,再根据电阻位号由小到大检查一遍,保证安装无误。

②电容器的安装

安装前先对电容器件进行清点,用 A4 纸画出电容器件表格,再将电容实体用透明胶固定在表格对应的位置上,见表 9.10 所示。

表 9.10 电容器清点

电容量	数量	位置代号	电容实体
682(6 800 pF)	1	C_2	
103(0.01 μF)	1	C_1	
223(0.022 μF)	3	C_4	
		C_5	
		C_7	
0.47 μF/10 V	1	C_6	
10 μF/10 V	1	C_3	
100 μF/10 V	2	C_8	
		C_9	

先安装 5 个瓷片电容,根据瓷片电容体上标出的参数,将它们安装到相对应的位置上。再安装 4 个电解电容,同样根据电容体上标出的参数,将它们安装到相对应的位置上。

注意:在每一个电容安装到电路板上以前,要先用万用表检测其好坏,不能将坏的元件安装上电路板,以免造成故障。

安装电解电容时,要注意它的正负极性,并让它们都尽量靠紧印制电路板安装。

另外,双联可变电容也属于电容类器件,但由于体积较大,最后再安装。上述电容安装完后,根据电容的位号由小到大检查一遍,保证没有安装错误。

③变压器 $T_2 \sim T_5$ 的安装

变压器 $T_2 \sim T_5$ 的性能参数和安装方法见表 9.11 所示。

表 9.11　变压器 $T_2 \sim T_5$ 的性能参数和安装方法

元件编号	外　形	型号	磁芯颜色	内部接线图	安装位置	安装注意事项
T_2	磁芯(红色)	LF10—1	红		本振线圈	每一个变压器安装前,要测试其内部线圈的通断好坏,并通过测试进一步熟悉其结构和安装方法
T_3	磁芯(白色)	TF10—1	白		第一中频变压器	
T_4	磁芯(黑色)	TF10—2	黑		第二中频变压器	

续表

元件编号	外 形	型号	磁芯颜色	内部接线图	安装位置	安装注意事项
T_5	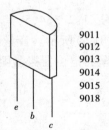				输入变压器	安装时,将凸点与印刷板上的标注点相对

其实在收音机中还有变压器 T_1,它是磁棒天线线圈,由于体积较大,且其引出线容易断落,所以最后再安装。

需要注意的是:每一个变压器在安装上电路板前,都应该进行测试,检查其内部有无断线或引脚错误等,以保证安装上电路板的是正常器件。

④三极管和二极管的安装

a. 三极管的安装

在本收音机的实际配件中,三极管全部用的"90××"系列,安装前要先检测出每一个三极管的好坏和引脚排列顺序,"90××"系列三极管的引脚排列如图 9.5 所示。并测出其放大倍数(β 值),看与标注色点是否一致,测试核对完毕后,再进行安装。三极管的选用见表 9.12 所示。

9011
9012
9013
9014
9015
9018

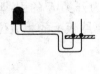

图 9.5 "90××"系列三极管管脚排列　　　　图 9.6 发光二极管安装示意图

表 9.12 三极管的选用

三极管位置序号	选用型号	放大倍数(β 值)	色点标注
V_1	9018	40 ~ 80	绿点或黄点
V_2	9018	80 ~ 180	蓝点或紫点
V_3	9018	80 ~ 180	蓝点或紫点
V_4	9014	120 ~ 270	紫点或灰点

续表

三极管位置序号	选用型号	放大倍数(β 值)	色点标注
V_5	9013	中等 β 值,不作太严格的要求	
V_6	9013		

注意:几个三极管的安装高度要基本一致。

  b. 发光管 LED 的安装

  发光二极管的两只引脚中,较长的是"+"极,较短的是"-"极,可用指针式万用表的 10 k 挡进行检测判断。发光二极管安装时,要根据收音机外壳上的安装孔的位置,将它弯曲成如图 9.6 所示。

  ⑤电路板上其他杂件的安装

  a. 耳机插座的安装

  耳机插座如图 9.7(a)所示,它的三只引脚分别为 1,2,3,安装时,先将 2 脚弯曲成如图 9.7(b)所示,将 1,2 脚对准位置后安装到电路板上,再用导线将引脚 3 连接到电路板的相应位置。

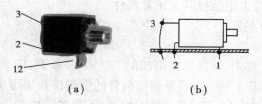

图 9.7 耳机插座的安装

  b. 音量电位器的安装

  图 9.8(a)所示为音量电位器,它的 5 个引出脚分别是 1,2,3,4,5,其中 2,3,4 为电位器 R_P 的引脚,1,5 为开关 K 的引脚,电位器等效为如图 9.8(b)所示。音量电位器的安装很简单,将引脚对准电路板上的相应位置安装并焊牢,再用螺丝将电位器拨盘固定在音量电位器上即可。

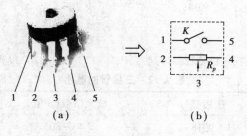

图 9.8 音量电位器

  c. 双联可变电容的安装

  图 9.9(a)所示为双联可变电容器,它内部含有两个同轴联动的可变电容和两个微调电容,它们联接等效为图 9.9(b)所示。

  双联可变电容的安装:首先,让它的引脚对准电路板上的相应位置,把双联可变电容安装

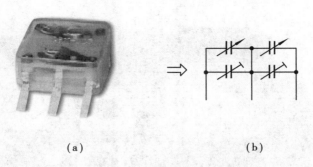

(a)　　　　　　　　　　　　　　(b)

图9.9　双联可变电容

到电路板上并焊牢;其次,将磁棒支架置于双联可变电容与电路板之间,用两颗螺丝把双联可变电容固定在电路板上;然后,用螺丝将双联拨盘固定在双联电位器上;最后,将刻度尺的不干胶片对准贴在双联拨盘上。

d. 磁棒天线的安装

磁棒天线由磁棒、磁棒线圈和磁棒支架三部分组成,如图9.10所示。磁棒线圈由初级和次级两部分组成,初级为100匝,阻值为4 Ω 左右,次级为10匝,阻值为1 Ω 左右。

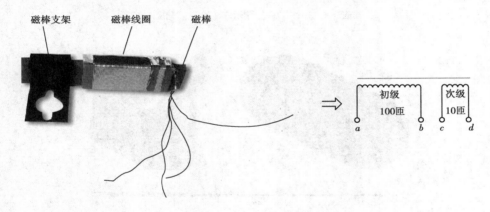

图9.10　磁棒天线

磁棒天线的安装:第一步,将磁棒天线的三部分组装在一起,如图9.12所示,并用垫纸片的方式把它们固定好;第二步,用工具刀小心地将磁棒线圈4个线头的绝缘漆刮干净,并用电烙铁搪上锡;第三步,用万用表检测判断出初级线圈和次级线圈的引线头,并做好记号;第四步,将初级线圈对应印制电路板上的"a""b"点,次级线圈对应印刷电路板上的"c""d"点,把4个线头焊接在电路板上,然后对过长的接线进行适当整理即可。

至此,整个印制电路板上的元件安装完毕,如图9.11所示。

(4)附件的安装与连线

①刻度尺与音窗的安装

刻度尺与音窗的安装位置如图9.12所示。刻度尺采用双面胶粘贴的方式固定在机壳上。音窗的定位杆穿过机壳上的定门孔,在另一面用电烙铁将穿透的定位杆头部熔化,冷却后,音窗就被牢牢地固定在机壳上了。

图 9.11 安装完毕的印制电路板

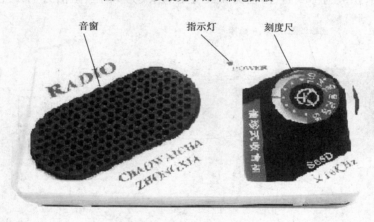

图 9.12 刻度尺与音窗的安装

②扬声器的安装

如图 9.13 所示,将扬声器放入机壳的卡槽内,让扬声器的引线方向朝向电路板,用电烙铁把机壳上的三个扬声器卡熔化(如图),让它把扬声器卡牢。

③电池夹簧片的安装

如图 9.13 所示,将电池夹簧片固定在机壳上,注意电池的两端应是:一边为较长弹簧的簧片,另一边则为无弹簧的簧片。

④连线

连线有两组:电源线和扬声器线,每组各两根。

a.电源线的连接

取出红色线,一端焊接在靠近电路板的电池夹" + "簧片上,另一端焊接到电路板的"GB+"处;再取出黑色线,一端焊接在靠近电路板的电池夹" - "簧片上,另一端焊接到电路板的"GB - "处。

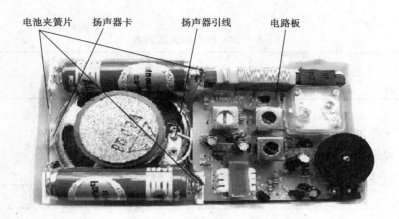

电池夹簧片　　扬声器卡　　　　扬声器引线　　　　电路板

图 9.13　收音机内部安装图

b. 扬声器线的连接

取出剩下的两根彩色线,将它们的一端分别焊接在扬声器的引出线端处,另一端分别接到电路板上的对应处。

⑤电路板装入机内

如图 9.13 所示,将电路板装入机壳内。注意:电源指示灯、耳机插座、双联拨盘等要装到相应的位置上。然后上好电路板的固定螺丝。

至此,收音机的安装过程结束。

(5)收音机的调试

①整机测试

a. 整机总电阻测试

在不装电池的情况下,拨动打开电源开关,用万用表的 $R \times 100 \ \Omega$ 挡测量电源正负极之间的电阻,阻值应大于 $400 \ \Omega$。如果电阻值很小,说明电路中有短路现象,需要去检查排除。

b. 整机电流测试

给收音机装上电池,断开电源开关,将万用表拨到 $50 \ \text{mA}$ 挡,两支表笔分别接到电源开关 K 的两端(注意表笔的正负),读出电流值,正常值为 $10 \ \text{mA}$ 左右。如果电流值偏差较大,说明电路中存在故障,需要分析排除。

②电路静态工作点的测量

当整机电流正常后,打开电源开关,电源指示的发光二极管应正常发光。

a. 测各级放大器的工作电流

对照电原理图(图 9.3)和印制板上元件分布图(图 9.4),在电路板上找到电流测试断点 D,C,B,A,通电依次测量 D,C,B,A 四个测试点的电流,正常值分别为:

$I_D = 1.5 \ \text{mA}$

$I_C = 2 \ \text{mA}$

$I_B = 0.5 \ \text{mA}$

$I_A = 0.3 \ \text{mA}$

如果实测值与正常值相近,则用电烙铁将该断点焊接连好,并将实测值填入表 9.13 中。如果测得某断点的电流偏离正常值太远,说明电路中存在故障,需要检查排除后再焊连该断点。

表 9.13　静态电流实测值

检测点	D	C	B	A
电流/mA				

b. 各极的工作电压检测

用万用表分别测出每个三极管的三个电极对地电压,填入表 9.14 中。

表 9.14　三极管各电极对地实测电压值

三极管	V_1	V_2	V_3	V_4	V_5	V_6
V_C						
V_B						
V_E						

以上的步骤完成后,通电,收音机便可收到电台。

③统调

本实习收音机的统调与前面所讲解的一致,分 4 步进行:

a. 中频调整

让收音机收到一个电台,取无感螺丝刀,由后往前依次调节 T_4,T_3 的磁芯,使音量最大,反复调整 2~3 次。

b. 低端跟踪调整

首先,在低端收一个已知频率的电台(如 640 kHz 的中央人民广播电台),拨动双联拨盘,让刻度尺对准该频率点;然后,用无感螺丝刀调整本振线圈 T_2(红色)的磁芯,收到该台广播声音;最后,调整磁棒天线(T_1)的线圈在磁棒上的位置,让声音最大。

c. 高端跟踪调整

首先,旋动双联拨盘,收听靠近高端 1 500 kHz 附近的一个已知频率电台广播;然后,再调整双联拨盘,使刻度指针所指频率与该电台频率一致;最后,调整振荡回路的微调电容,调整出该电台的声音,并通过调整使声音最大。

将高、低端跟踪再反复调一次。

d. 中端跟踪调整

本实习机的中端跟踪不用调整。

此时,拨动双联拨盘,在整个中波频段的高中低端都能收到清晰洪亮的电台广播声,说明整个收音机的安装调试取得成功。

填写表 9.15,完成收音机安装调试的实训报告。

表 9.15 收音机安装调试实训报告

实训名称		收音机的安装与调试	
实训人		指导教师	
实训地点		实训时间	
实训器材			
实训过程	收音机的安装过程记录	1.	
		2.	
		3.	
		4.	
		5.	
		6.	
		7.	
		8.	
		9.	
		10.	
	收音机的调试		
实训结果			
实训体会			

5. 实训成绩

表9.16 成绩评定表   学生姓名＿＿＿＿＿＿

评定类别	分值	评定标准	得分
实训态度	10分	态度好、认真10分,较好7分,差0分	
器材安全	15分	(1)元件损坏1个扣2分,丢失1个扣3分,扣完为止	
		(2)私拿他人元件1个,本项目15分全部扣完	
工具、仪器仪表的使用	10分	(1)损坏工具、仪器仪表,每次扣3分,扣完为止	
		(2)明显违规使用工具、仪器仪表,1次扣1分,扣完为止	
安装质量	40分	(1)焊接质量20分:好18~20分,较好12~17分,差6~11分	
		(2)元件排布整洁10分:好10分,较好8分,差5分	
		(3)元件正确安装10分:错1个扣2分,扣完为止	
		(4)机壳5分:完好5分,有损伤3分,损伤严重0分	
总体效果	15分	(1)收音声音效果10分:清晰洪亮无杂音10分,较差7分,有杂音收不到台3分,完全无声0分	
		(2)频率覆盖5分:好5分,覆盖差3分,收不到台0分	
总装调时间	10分	在规定时间内完成10分,每延后1小时扣1分,扣完为止	
总评得分			

思考与习题九

1. 超外差式收音机主要由哪些电路组成?

2. 收音机的变频级有什么作用,它输出的是什么信号?

3. 检波电路的作用是什么?

4. AGC电路有什么作用?

5. 袖珍超外差式调幅收音机中,各级放大器的工作电流一般为多少?

6. 如何进行收音机的中频校准?

7. 怎样进行收音机的三点跟踪调整?

8. 调幅广播中波段的广播频率范围是多少?调幅收音机的中频是多少?调频收音机的中频又是多少?

9. 可以采取哪些方法提高收音机的灵敏度?

10. 如果收音机安装完毕后,通电电源指示灯不亮,应如何进行检查?

11. 如果收音机通电后,指示灯亮,但扬声器中没有声音,如何进行检查?

实训十　门电路逻辑功能的测试

一、知识准备

1.逻辑集成电路简介

逻辑集成电路根据不同的分类方法,有多个种类和品种,这里只介绍常用的两大类:TTL型和CMOS型。

(1)TTL型逻辑集成电路

TTL是一种晶体管逻辑的简称,实际上指的是一种集成电路的制造工艺,使用这种工艺生产制造的数字集成电路称之为TTL器件。TTL电路是一种被广泛使用的逻辑电路,具有优异的性能:带负载能力强、开关转换速度快、抗干扰能力强等。在具体的使用中,TTL逻辑集成电路的特点如表10.1所示。

表10.1　TTL逻辑集成电路的特点

项　　目	特　　点
电源电压	TTL集成电路的电源电压为 +5 V(允许在4.75~5.25 V之间变化)
适用电平	TTL电平是0~5 V的正逻辑电平
电平判断	当电压在0.8 V以下时被认为是低电平,当电压在2 V以上时被认为是高电平
悬空情况	使用中,如果输入脚悬空,被认为是输入高电平

TTL电路在使用中,其输出的高低电平其实是比较稳定的,一般高电平为3.6 V左右,低电平为0.2~0.4 V。

TTL器件是最为普通又非常流行的数字集成电路,TTL器件通常用S,L,LS,HCT等字符来标识,常用的74××系列就是指TTL器件,如74LS49等。74××系列集成电路所标注的各字符的含义为:

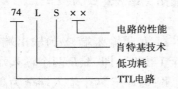

如果上式中的"L"变为"H",则表示高速的TTL电路,比如74H00等。尾数"××"表示该集成电路的功能,如果两个逻辑集成电路的尾数相同,则它们的功能相同,比如74LS08与7408的功能相同。

（2）CMOS 型逻辑集成电路

CMOS 是互补型金属氧化物半导体的简称，采用这种工艺技术生产的集成电路称 CMOS 电路，由于 CMOS 电路具有功耗极低、输入电阻大、适应电源电压范围宽、成本低等优异性能，使它得到很快的发展，并逐步取代 TTL 等其他电路。在具体的使用中，CMOS 电路要注意以下两点：

①电源电压范围：3～18 V；

②CMOS 集成电路的输入脚不允许悬空。

常用的 CMOS 逻辑集成电路的型号如表 10.2 所示。

表 10.2　常用 CMOS 逻辑集成电路的型号

型号种类	型号系列	电路实例
国内型号	C×××系列	C001,C010,C033,C062,C691 等
	CC40××系列	CC4011,CC4012,4070,CC40175 等
国外型号	CD40××系列	CD4010,CD4023,CD4511,CD4518 等
	TC40××系列	TC4011,TC4017,TC4081,TC4066 等

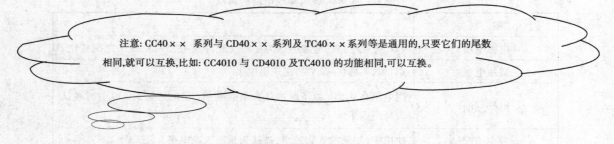

注意：CC40×× 系列与 CD40×× 系列及 TC40×× 系列等是通用的，只要它们的尾数相同，就可以互换，比如：CC4010 与 CD4010 及 TC4010 的功能相同，可以互换。

下面主要针对 TTL 型门电路进行实训（因 CMOS 电路容易损坏，所以实习不采用）。

2. 两种门电路的逻辑功能

（1）非门的逻辑功能

非门电路的逻辑符号如图 10.1 所示，A 为输入端，Y 为输出端。非门电路的逻辑功能是"入 0 出 1，入 1 出 0"，即：如果输入为低电平，则输出为高电平；如果输入为高电平，则输出为低电平。

图 10.1　非门电路

非门的输入输出关系表达式为：$Y = \overline{A}$。

（2）与非门的逻辑功能

与非门的逻辑符号如图 10.2 所示，A，B 是输入端，Y 为输出端。与非门电路的逻辑功能是"有 0 出 1，全 1 出 0"，即，A，B 两个输入端中只要有一个为低电平，则输出为高电平；当 A，B 两个输入端全为高电平时，则输出为低电平。

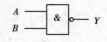

图 10.2　与非门电路

与非门的输入输出关系表达式为：$Y = \overline{AB}$。

3. 两种 TTL 集成门电路

由于 TTL 集成门电路的种类太多，不能一一详述，这里只介绍在后面实验中要用到的两种：74LS04 和 74LS00。

（1）集成电路 74LS04

74LS04 是六非门集成电路，其外形和内部结构如图 10.3 所示。

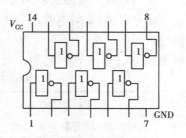

图 10.3　74LS04 的外形与内部结构

74LS04 的引脚判断与其他集成电路一样：面对集成电路的文字面，依据集成块上的半圆型标注，左下角起，逆时针依次为 1，2，3，…。

74LS04 有 14 个引出脚，其中第 7 脚为整个集成块的接地脚，第 14 脚为整个集成块的电源引脚，另外的 12 个引脚是 6 个非门电路的输入和输出端。

需要注意的是：如果要使用该集成块的某一个门电路，除了连接好这个门电路对应的引脚外，必须要接好该集成块的电源引脚和接地引脚。这一点对其他类似的集成电路也一样，比如后面的 74LS00。

其实，绝大多数的 TTL 逻辑集成电路的引脚都为 14 个，只有极少数的引脚为 16 个。无论是国内系列还是国外系列，它们的引脚排列顺序也是基本一致的，即面对集成电路的文字面，依据集成块上的半圆型标注，逆时针依次为 1，2，3，…，并且都是第一边最末引脚为接地脚 GND，而整块集成电路的最末引脚为电源供电脚 V_{CC}。

（2）集成电路 74LS00

74LS00 是四二输入与非门集成电路，其外形和内部结构如图 10.4 所示。

74LS00 也为 14 个引脚，第 7 脚为地，第 14 脚为电源。集成电路内部有 4 个 2 输入端的与非门电路。74LS00 的管脚判断方法与 74LS04 相同。

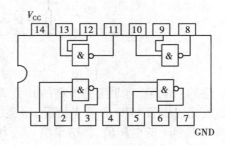

图 10.4　74LS00 的外形和内部结构

二、技能实训

1. 实训内容

非门、与非门的逻辑功能测试。

2．实训目的

（1）熟悉 TTL 非门、与非门电路的逻辑功能和测试；

（2）掌握常用 TTL 集成电路的使用方法；

（3）熟悉 TTL 非门、与非门电路的应用。

3．实训器材

实训器材见表10.3。

表10.3　实训器材清单

器材名称	数　量
逻辑实验仪（或数字实验箱）	1台
集成电路 74LS04	1块
集成电路 74LS00	1块
开关	2个
万用表	1只
双踪示波器	1只
510 Ω 电阻	1只
发光二极管	1只

4．实训步骤

（1）非门的逻辑功能测试

①选用集成电路 74LS04 的一个非门电路，万用表选直流电压 10 V 挡，在逻辑实验仪（或数字实验箱）上连接好如图 10.5 所示的电路。并将集成电路的电源引脚 V_{CC} 和接地引脚 GND 分别接到 +5 V 电源的"＋"、"－"端。

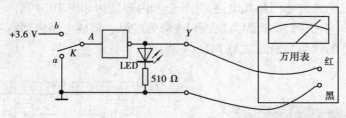

图 10.5　非门的逻辑功能测试

②接通电路的总电源，将非门输入端的开关 K 分别置 a 位、b 位，使输入端的电压分别为 0,3.6 V，观察发光二极管 LED 的发光情况，将亮、熄情况填入表 10.4 中，并读出两种状态下万用表测出的输出端 Y 的电压值，将结果填入表 10.4 中。

表 10.4　输入输出关系

A/V	LED	Y/V
0		
3.6		

表 10.5　非门真值表

A	Y
0	
1	

　　根据非门的输入输出关系,将电压值转换成电平,高电平用 1 表示,低电平用 0 表示,将上述测试结果填入表 10.5 中。

　　表 10.5 就是实验测出的非门的真值表,将此真值表与理论课本中的非门真值表进行比较,以检查实验结果的准确性。

　　③验证输入端悬空的情况。如图 10.6 所示,将输入端的 3.6 V 变为悬空,重新完成①、②步实验,并将结果分别填入表 10.6 和表 10.7 中。

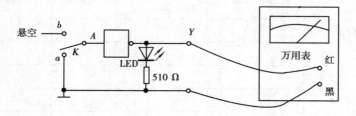

图 10.6　非门输入端悬空的验证

表 10.6　输入输出关系

A/V	LED	Y/V
0		
悬空		

表 10.7　真值表

A	Y
0	
悬空	

　　将表 10.6 与表 10.4 进行比较,再将表 10.7 与表 10.5 进行比较,观察在输入端悬空的情况下,输出端 Y 有无变化,从而得出结果:如果非门的输入端悬空,相当于给输入端输入了_____(由实验者填写)。

　　④验证集成电路中各个非门的好坏。将 74LS04 集成电路 IC 中的 6 个非门依次串起来,如图 10.7(a)所示,在输入端输入一个幅度为 3.6 V 左右、频率为 2 Hz 的方波信号,在正常情况下,输出端的发光二极管应该交替闪光。如果二极管不亮,说明 6 个非门中有损坏的。

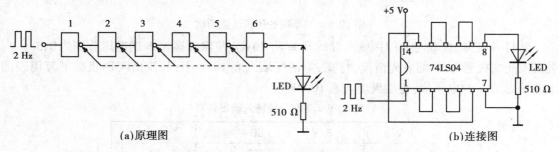

图 10.7　验证集成电路中非门的好坏

　　为了检查究竟是哪一个非门电路损坏,可将发光二极管串接 510 Ω 电阻部分断开当作检测笔。由前往后依次检测 6 个非门 1～6 的输出端(如图中虚线所示),当发光二极管交替闪光时,说明检测点前的非门是好的;如果检测到某一点时,发光二极管不亮,则此点的前 1 个非门损坏。

如果有非门损坏,用导线短接该非门的输入输出端,可以继续往下检测,直到全部检查测试完毕。

验证集成电路中各个非门好坏的实际接线图如图 10.7(b)所示。测试完毕后,将测试结果填入表 10.8 中。

表 10.8　验证集成电路 74LS04 中各个非门的好坏

项目 数据	输入输出脚	用检测笔测试 的点(脚)	LED 发光否	好坏判断
非门 1				
非门 2				
非门 3				
非门 4				
非门 5				
非门 6				

(2)与非门的逻辑功能测试

①选用四与非门集成电路 74LS00 的一个与非门,万用表选直流电压 10 V 挡,在逻辑实验仪(或数字实验箱)上连接成如图 10.8 所示的测试电路,并将集成电路的电源引脚 V_{CC} 和接地引脚 GND 分别接到 +5 V 电源的"+"、"-"端。

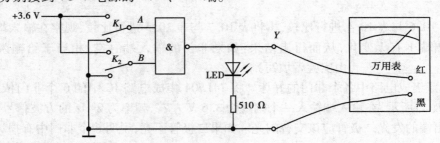

图 10.8　与非门的逻辑功能测试

②打开电源,拨动与非门两输入端的开关 K_1 和 K_2,使输入端 A,B 的电压分别为 0,3.6 V,观察发光二极管 LED 的发光情况,将亮、熄情况填入表 10.9 中;并读出两种状态下万用表测出的输出端 Y 的电压值,将结果填入表 10.9 中。

表 10.9　与非门的输入输出关系

A/V	B/V	LED 的亮、熄	Y/V
0	0		
0	3.6		
3.6	0		
3.6	3.6		

③根据与非门的输入输出关系,将电压值转换成电平,高电平用 1 表示,低电平用 0 表示,

将上述测试结果填入表 10.10 中。

表 10.10　与非门的真值表

A	B	Y
0	0	
0	1	
1	0	
1	1	

表 10.10 为测试所得的与非门的真值表,将它与实际的与非门真值表进行比较,以验证实验的准确性。

5. 成绩评定

表 10.11　成绩评定表　　　　　　学生姓名＿＿＿＿＿＿

评定类别		分值	评定标准	得分
实训态度		10分	态度好、认真10分,较好7分,差3分	
器材安全		15分	元件损坏1个扣3分,丢失1个扣5分,扣完为止	
工具、仪器仪表的使用		10分	(1)损坏工具、仪器仪表,每次扣3分,扣完为止	
			(2)明显违规操作,1次扣1分,扣完为止	
实训项目	非门逻辑功能测试	40分	(1)能正确测出非门的输入输出关系(表10.4)和真值表(表10.5)得15分,每错1个扣3分,扣完15分为止	
			(2)能正确测试输入端悬空情况(表10.6和表10.7)得10分,每错1处扣2分,扣完10分为止	
			(3)能正确测试6个非门的好坏(表10.8)得10分,测错1个扣2分,扣完10分为止	
			(4)在规定时间内完成得5分,每延后10分钟扣1分,扣完为止	
	与非门逻辑功能测试	25分	(1)测试电路连接正确,测试方法正确5分,出错酌情扣分	
			(2)能正确测试出与非门的输入输出关系(表10.9)10分,每错1处扣2分,扣完10分为止	
			(3)能正确完成表10.10得5分,每错1处扣1分	
			(4)在规定时间内完成得5分,每延后10分钟扣1分,扣完为止	
总评得分				

思考与习题十

1. TTL 是什么？TTL 型逻辑集成电路具有什么性能？在使用中要注意些什么？

2. 集成电路 74LS×× 的各个字符代表的意义是什么？

3. CMOS 型逻辑集成电路具有什么性能？在使用中要注意些什么？

4. 非门的逻辑功能是什么？作出非门的真值表。

5. 与非门的逻辑功能是什么？作出与非门的真值表。

6. 74LS04 是什么集成电路？其内部结构是怎样的？74LS00 是什么集成电路？其内部结构又是怎样的？

7. TTL 逻辑集成电路的引脚有什么特点？

实训十一　JK 触发器的逻辑功能测试

一、知识准备

1. JK 触发器的逻辑功能

在数字电路中,触发器具有记忆功能,它能够存储数字信息。触发器有多种种类,其中 JK 触发器是一种性能稳定的触发器,它具有"无空翻"的特点。JK 触发器的触发方式有主从触发和下降沿触发等。

JK 触发器的一般逻辑符号如图 11.1(a)所示。图中,J 和 K 为输入控制端,CP 为时钟脉冲触发端,在 CP 端有一个小圆圈"。",一般指负脉冲触发,而对于 JK 触发器,则表明是采用下降沿触发的边缘触发器(这里只介绍下降沿触发的 JK 触发器)。Q 和 $\overline{Q}$ 是两个状态互补的输出端。

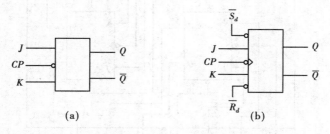

图 11.1　JK 触发器的符号

JK 触发器在输入端 J 和 K 的作用下,当时钟脉冲 CP 的下降沿到来时被触发,从而得到新的逻辑输出状态。JK 触发器具有四个逻辑功能:置"0"、置"1"、保持、翻转。所谓置"0"是指触发器的输出端 $Q=0(\overline{Q}=1)$,置"1"表示触发器的输出端 $Q=1(\overline{Q}=0)$。具体而言,JK 触发器有如下的四个功能,如表 11.1 所示。

表 11.1　JK 触发器的逻辑功能

输入端状态		功能	输出端状态(CP 的下降沿到来)
J	K		
0	0	保持	Q 和 $\overline{Q}$ 维持原状态不变
0	1	置 0	$Q=0,\overline{Q}=1$
1	0	置 1	$Q=1,\overline{Q}=0$
1	1	翻转	Q 和 $\overline{Q}$ 分别变为原来的相反状态

实际的集成 JK 触发器除了具有上述的输入输出端外,一般还具有 $\overline{R}_d$,$\overline{S}_d$ 两个引出端,如图 11.1(b)所示。$\overline{R}_d$ 是触发器的直接置 0 端,当它输入负脉冲时,可以将 JK 触发器直接置 0(无论起始状态是 0 还是 1);$\overline{S}_d$ 是触发器的直接置 1 端,当它输入负脉冲时,可以将 JK 触发器

直接置1。

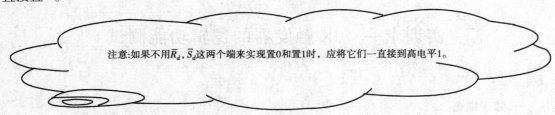

注意:如果不用$\overline{R}_d$,$\overline{S}_d$这两个端来实现置0和置1时,应将它们一直接到高电平1。

在图11.1(b)中,CP内的">"符号表示采用的是边缘触发。

2. 常用的 JK 触发器集成电路

74LS112 是最常用的 TTL 型 JK 触发器集成电路,它内部包含两个 JK 触发器,其内部结构和引脚排列如图11.2 所示。

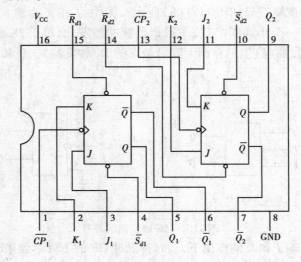

图11.2　74LS112 的内部结构和引脚排列

二、技能实训

1. 实训内容

(1)JK 触发器的 $\overline{R}_d$,$\overline{S}_d$ 端功能测试;

(2)JK 触发器的逻辑功能测试。

2. 实训目的

(1)学会并掌握测试 JK 触发器逻辑功能的方法;

(2)理解和明白 JK 触发器的 $\overline{R}_d$,$\overline{S}_d$ 端的作用;

(3)掌握 JK 触发器的逻辑功能。

3. 实训器材

实训器材见表11.2。

表 11.2　实训器材

实训器材	数　量
逻辑实验仪(或数字实验箱)	1 台
集成电路 74LS112	1 块
扳把开关(小)	5 只
MF50 型万用表	1 只
双踪示波器	1 只
510 Ω 电阻	2 个
发光二极管	2 个

4. 实训步骤

(1)JK 触发器内的 $\overline{R}_d$，$\overline{S}_d$ 端功能测试

①利用集成电路 74LS112 内的一个 JK 触发器，连接好 $\overline{R}_d$，$\overline{S}_d$ 端功能测试电路，如图 11.3 所示。

图中，输入控制端 J_1，K_1 通过开关接 +3.6 V(1)或地(0)；时钟脉冲输入端 $\overline{CP}_1$ 通过开关 K_3 接 +3.6 V 电压和地(0)，当 $\overline{CP}_1$ 由 3.6V 变为 0 时，相当于输入了脉冲的下降沿；$\overline{R}_d$，$\overline{S}_d$ 端通过开关 K_4，K_5 接到 +3.6 V 或地，分别代表了电平 1 和 0；输出端 Q_1 和 $\overline{Q}_1$ 接发光检测电路(发光检测电路由发光二极管和电阻串联而成)，利用发光二极管是否发光来判断输出是高电平 1 还是低电平 0。

②接通测试电路的电源进行测试

通过开关 K_1，K_2 让输入端 J_1，K_1 置于任意电平(0 或 1 均可)，同时通过开关 K_4，K_5 让 $\overline{R}_d = 0$，$\overline{S}_d = 1$，当把 K_3 由 +3.6 V 转接到地使 $\overline{CP}_1$ 端输入脉冲下降沿时，观察此时指示灯 LED$_1$ 和 LED$_2$ 的发光情况，由此得出此时 JK 触发器的输出状态，并填入表 11.3 中。

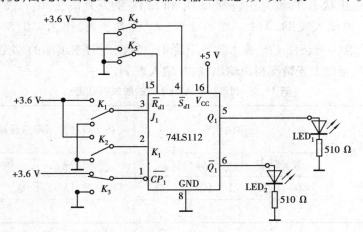

图 11.3　JK 触发器的 $\overline{R}_d$，$\overline{S}_d$ 端功能测试

表 11.3　JK 触发器 $\overline{R}_d$，$\overline{S}_d$ 端功能测试

J_1	K_2	$\overline{R}_d$	$\overline{S}_d$	LED$_1$ 亮暗	LED$_2$ 亮暗	输出状态 Q
任意电平	任意电平	0	1			
任意电平	任意电平	1	0			

改变 $\overline{R}_d$，$\overline{S}_d$ 的状态，使 $\overline{R}_d=1$，$\overline{S}_d=0$，在其他条件不变的情况下，重新进行一次测试，将测试得到的"LED$_1$ 亮暗"、"LED$_2$ 亮暗"及"输出状态 Q"填入表 11.3 的第三行中。

③根据表 11.3，总结可以得到测试出的 $\overline{R}_d$，$\overline{S}_d$ 端的功能为：_____。

（2）JK 触发器的输入端 J，K 功能的测试

利用集成电路 74LS112 内的一个 JK 触发器，将 $\overline{R}_d$，$\overline{S}_d$ 接 +3.6 V，使 $\overline{R}_d=\overline{S}_d=1$，连接好 JK 触发器的逻辑功能测试电路，如图 11.4 所示。

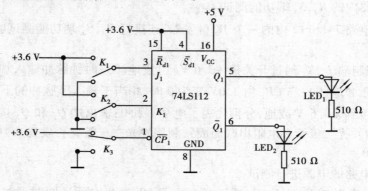

图 11.4　JK 触发器的逻辑功能测试

接通测试电路的电源，完成下面的四步测试：

①先观察原输出状态，即发光二极管 LED$_1$ 和 LED$_2$ 的发光情况，填入表 11.4 中，并得出此时的输出状态，也填入表 11.4 中。然后让 K_1，K_2 都置于地，使 $J_1=0$，$K_1=0$，再将 K_3 由 +3.6 V处拨到接地（0）处，使 $\overline{CP}_1$ 输入脉冲下降沿。观察此时输出端的发光二极管 LED$_1$ 和 LED$_2$ 的发光情况，根据发光情况得出输出状态，填入表 11.4 中。

表 11.4　当 $J_1=0$，$K_1=0$ 时的触发器状态

J_1	K_1	原输出状态				$\overline{CP}_1$ 端脉冲下降沿后输出状态			
		发光情况		输出状态		发光情况		输出状态	
		LED$_1$	LED$_2$	Q_n	$\overline{Q}_n$	LED$_1$	LED$_2$	Q_{n+1}	$\overline{Q}_{n+1}$
0	0								

观察表 11.4，得出当 $J_1=0$，$K_1=0$ 时触发器功能为：_____。

②让 K_1 置 +3.6 V 处而 K_2 置于地，使 $J_1=1$，$K_1=0$，再通过 K_3 使 $\overline{CP}_1$ 端输入脉冲下降

沿。观察此时输出端的发光二极管 LED_1 和 LED_2 的发光情况,并根据发光情况判断出输出状态,填入表 11.5 中。

表 11.5　当 $J_1 = 1, K_1 = 0$ 时的触发器状态

J_1	K_1	$\overline{CP_1}$ 端脉冲下降沿后输出状态			
		发光情况		输出电压	
		LED_1	LED_2	Q_{n+1}	$\overline{Q}_{n+1}$
1	0				

观察表 11.5,得出当 $J_1 = 1, K_1 = 0$ 时 JK 触发器的功能为:＿＿＿＿＿＿＿＿＿＿＿

＿＿＿＿＿＿＿。

③让 K_1 置于地而 K_2 置 +3.6 V 处,使 $J_1 = 0, K_1 = 1$,再通过 K_3 使 $\overline{CP_1}$ 端输入脉冲下降沿。观察此时输出端的发光二极管 LED_1 和 LED_2 的发光情况,并根据发光情况判断出输出状态,填入表 11.6 中。

表 11.6　当 $J_1 = 0, K_1 = 1$ 时的触发器状态

J_1	K_1	$\overline{CP_1}$ 端脉冲下降沿后输出状态			
		发光情况		输出电压	
		LED_1	LED_2	Q_{n+1}	$\overline{Q}_{n+1}$
0	1				

观察表 11.6,得出当 $J_1 = 1, K_1 = 0$ 时 JK 触发器的功能为:＿＿＿＿＿＿＿＿＿＿

＿＿＿＿＿＿＿。

表 11.7　当 $J_1 = 1, K_1 = 1$ 时的触发器状态

J_1	K_1	$\overline{CP_1}$ 端脉冲下降沿后输出状态			
		发光情况		输出电压	
		LED_1	LED_2	Q_{n+1}	$\overline{Q}_{n+1}$
1	1				

④让 K_1 和 K_2 都置于 +3.6 V 处,使 $J_1 = 1, K_1 = 1$,再通过 K_3 使 $\overline{CP_1}$ 端输入脉冲下降沿。观察此时输出端的发光二极管 LED_1 和 LED_2 的发光情况,并根据发光情况判断出输出状态,填入表 11.7 中。

观察表 11.7,得出当 $J_1 = 1, K_1 = 1$ 时 JK 触发器的功能为:＿＿＿＿＿＿＿＿＿＿

＿＿＿＿＿＿＿。

将上述测量结果合成在一个表中,得到 JK 触发器在各种输入状态下的输出情况表,即测

得的 JK 触发器的功能表,如表 11.8 所示。

表 11.8 JK 触发器的功能表

J	K	$\overline{CP_1}$ 端脉冲下降沿后输出状态	
		Q_{n+1}	功能说明
0	0		
0	1		
1	0		
1	1		

将表 11.8 与表 11.1 进行比较,以验证实验的准确性。

5. 成绩评定

表 11.9 成绩评定表　　　　　　学生姓名＿＿＿＿＿＿＿

评定类别		分值	评定标准	得分
实训态度		10 分	态度好、认真 10 分,较好 7 分,差 3 分	
器材安全		15 分	元件损坏 1 个扣 3 分,丢失 1 个扣 5 分,扣完为止	
工具、仪器仪表的使用		10 分	(1)正确使用工具仪器得 10 分,明显违规操作,1 次扣 1 分,扣完 10 分为止	
			(2)损坏工具、仪器仪表,每次扣 3 分,扣完 10 分为止	
实训项目	JK 触发器 $\overline{R_d}$,$\overline{S_d}$ 端功能测试	20 分	(1)能正确连接测试电路得 10 分,每错 1 处扣 2 分,扣完 10 分为止	
			(2)能正确测试 $\overline{R_d}$,$\overline{S_d}$ 端功能得 10 分,测试项目每错 1 处扣 2 分,扣完 10 分为止	
	JK 触发器 J,K 端逻辑功能测试	45 分	(1)测试电路连接正确得 10 分,出错酌情扣分	
			(2)测试各项参数的方法正确 10 分,错 1 处扣 2 分,扣完 10 分为止	
			(3)能正确完成 $J=0$,$K=0$ 测试得 5 分,错 1 个参数扣 1 分	
			(4)能正确完成 $J=1$,$K=0$ 测试得 5 分,错 1 个参数扣 1 分	
			(5)能正确完成 $J=0$,$K=1$ 测试得 5 分,错 1 个参数扣 1 分	
			(6)能正确完成 $J=1$,$K=1$ 测试得 5 分,错 1 个参数扣 1 分	
			(7)表 11.8 填写正确 5 分,错 1 处扣 1 分,扣完 5 分为止	
总评得分				

思考与习题十一

1. JK 触发器的符号是怎样的？各个引出脚有什么作用？
2. JK 触发器具有哪些功能？它的 $\overline{R_d}$，$\overline{S_d}$ 端具有什么作用？
3. 作出 JK 触发器的逻辑功能表。
4. 常用的 TTL 型 JK 触发器集成电路是什么？它的引脚排列是怎样的？
5. 作出 JK 触发器的 $\overline{R_d}$，$\overline{S_d}$ 端功能测试电路。
6. 作出 JK 触发器的输入端 J，K 功能的测试电路。

实训十二　四路数显抢答器电路的制作

一、知识准备

本实训介绍的四路数显抢答器电路简单,原理明了,由普通材料制作,无需专用元器件,适合初学者制作,是举办各类知识竞赛的理想工具。

1. 四路数显抢答器的电路结构与工作原理

四路数显抢答器电路组成如图 12.1 所示。

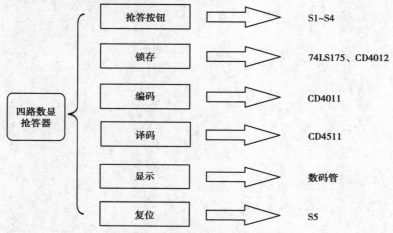

图 12.1　四路数显抢答器电路组成

图 12.2 是四路数显抢答器电路原理图,图 12.3 是四路数显抢答器印制电路板图。

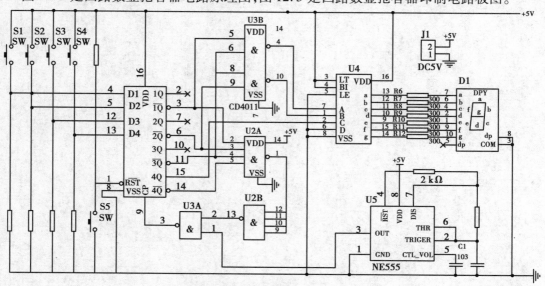

图 12.2　四路数显抢答器电路原理图

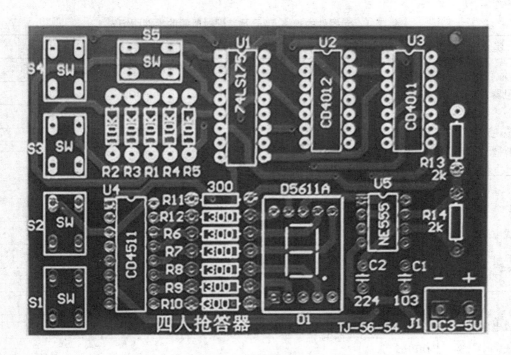

图 12.3 四路数显抢答器印制电路图

电路工作过程:正常情况下,S1 ~ S4 四个按钮处于常开状态,抢答开始后,先按下按钮的编号被立即锁存,同时封锁输入电路,其他按钮按下无效,在七段数码管上显示最先按下的按钮编号,直到按下复位按钮 S5,进入下一轮抢答。

2.四路数显抢答器电路的元器件选择

D 触发器选用 74LS175,双 4 输入与非门选用 CD4012,四 2 输入与非门选用 CD4011,BCD 锁存/7 段译码器/驱动器选用 CD4511,脉冲则使用 555 及外围电路产生。元器件的规格、型号及装配时所需的零件见表 12.1。

二、技能训练

1.实训内容

四路数显抢答器电路的安装与调试。

2.实训目的

通过四路数显抢答器电路的安装与调试,了解抢答器电路的工作原理,加深对元器件的认识和检测,提高焊接技术和装配能力,激发学生的学习兴趣。

3.实训器材

工具类:万用表、电烙铁、镊子、测电笔。

材料类:元器件的规格、型号及装配时所需的零件如表 12.1 所示。

表 12.1　元器件的规格、型号及装配时所需的零件明细表

类　别	规格型号	数　量	编　号
电阻器	10 kΩ	5	R1～R5
	200 Ω	7	R6～R12
	2 kΩ	2	R13～R14
电容器	103(0.01 μF)	1	C1
	224(0.22 μF)	1	C2
集成电路	74LS175N	1	U1
	CD4012BE	1	U2A、U2B
	CD4011BE	1	U3A、U3B
	CD4511BE	1	U4
	NE555P	1	U5
集成电路插座	DIP8	1	
	DIP14	3	
	DIP16	1	
LED 数码管	φ5	1	D1
轻触开关		5	S1～S5
排针		2	TP1、TP2
印制电路板		1	
电源插座	J1	1	
导线		2	

4.实训步骤

制作过程中必须听从教师的安排和要求,遵守纪律,注意安全用电,按照正常规程进行操作。实训步骤如图 12.4 所示。

其装配步骤如下:

(1)按照表 12.2 清点元件。

(2)按工艺要求将元件检测后逐次进行组装,主要元件工艺要求如下:

①装配元器件一般应满足先小后大,先内后外、先低后高的原则;

②电阻应水平安装,紧贴 PCB 板,电阻的色环方向应一致,色环读数满足从下到上,从左到右的顺序;

③电容应尽量插到底,元件离 PCB 板小于 4 mm,同时要注意电解电容的安装极性,无极性的电容的方向要一致;

④集成电路及插座、LED 数码管、轻触开关、电源插座要紧贴 PCB 板安装;

⑤安装排针时应把金属部分较长的一端留在外面,紧贴电路板焊接金属部分短的一端,应装配美观、均匀、整齐、不倾斜、高矮有序;

⑥插入焊孔的元件、引线均采用直脚焊,焊接后剪脚留头 1 mm 左右;焊点应圆滑、光亮、无虚焊、搭焊、散锡。

(3)检查元器件是否安装正确,特别是集成块方向是否装错。检查焊接质量,焊点处理是否合理,有没有焊接点短路、虚焊、假焊,多余管脚是否剪去。

(4)检测各关键点的在路电阻,确定无短路后,接通 DC 5V 电压。

(5)按照电路图逐一验证各路的抢答功能。

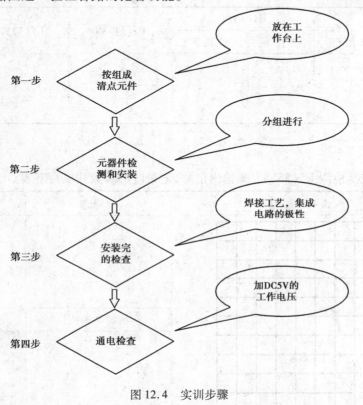

图 12.4　实训步骤

5.成绩评定

根据表 12.2 成绩评定的项目、分值、得分表,每焊接、工艺不符合要求,装配错误,一点扣 2 分,最后确定得分的多少。

表 12.2　成绩评定表　　　　　　学生姓名_____

	元件选用	装配工艺	焊点质量	电路功能	安全文明	总分
分值分布	20	20	20	30	10	100
扣分						
得分						

思考与习题十二

1. U5 单元电路中的时钟元件是哪几个?

2. D1 七段数码管显示器是共阴极还是共阳极数码管?

3. 通电后,功能正常后,使用万用表测量以下点的电压。

U1(1)脚		U1(4)脚		U3(14)脚	U5(1)脚	U5(8)脚
S5 松开	S5 松开	S5 按下	S5 按下			

4. 利用示波器检测 U5(555)3 脚输出信号,记录波形参数并填写下表。

波　形	峰峰值	周　期
	示波器 Y 轴档位	示波器 X 轴档位

实训十三　拍手声控开关的制作

一、知识准备

1.拍手声控开关的电路结构与工作原理

图 13.1 是拍手声控开关原理框图,主要由音频接收、放大电路、双稳态触发电路、显示电路组成。

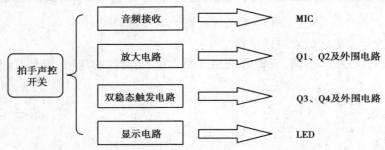

图 13.1　拍手声控开关原理框图

图 13.2 是拍手声控开关电路原理图,电路的工作原理:Q1 和 Q2 组成二级音频放大电路,由 MIC 接收的音频信号经 C1 耦合至 Q1 的基极,放大后由集电极直接馈至 Q2 的基极,在 Q2 的集电极得到一个负方波,用来触发双稳态电路。R1、C1 将电路频响限制在 3 kHz 左右为高灵敏度范围。电源接通时,双稳态电路的状态为 Q4 截止,Q3 饱和,LED1 不亮。当 MIC 接到控制信号,经过两级放大后输出一个负方波,经过微分处理后负尖脉冲通过 D1 加至 Q3 的基极,使电路迅速翻转,LED 被点亮。当 MIC 再次接到控制信号,电路又发生翻转,LED 熄灭。如果将 LED 灯回路与其他电路连接也可通过 J2 实现对其他电路的声控。

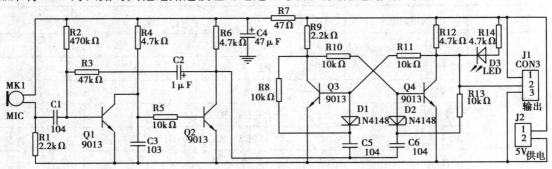

图 13.2　拍手声控开关电路图

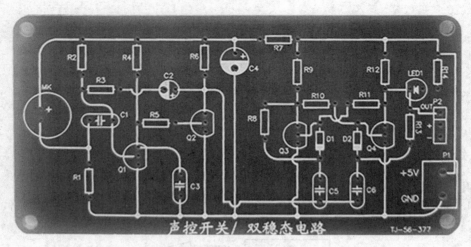

图 13.3 拍手声控开关印制电路图

2.拍手声控开关电路的元器件选择

音频收集选择驻极体话筒,三极管选用 NPN 型。元器件的规格、型号及装配时所需的零件表 13.1。

二、技能实训

1.实训内容

拍手声控开关电路的安装与调试。

2.实训目的

通过拍手声控开关电路的安装与调试,加深对元器件的认识和检测,提高焊接技术和装配能力,激发学习兴趣。

3.实训器材

工具类:万用表、电烙铁、镊子、测电笔。

材料类:元器件的规格、型号及装配时所需的零件表 13.1。

表 13.1 元器件的规格、型号及装配时所需的零件明细表

类 别	规格、型号	数 量	编 号
电阻器	2.2 kΩ	3 只	R1、R9
	470 kΩ	1 只	R2
	47 kΩ	1 只	R3
	4.7 kΩ	2 只	R4、R6、R12、R14
	10 kΩ	5 只	R5、R8、R10、R11、R13
	47 Ω	1 只	R7
三极管	S9013	4 只	Q1、Q2、Q3、Q4

类　别	规格、型号	数　量	编　号
电容器	104(0.1 μF)	3 只	C1、C5、C6
	103(0.01 μF)	1 只	C3
	1 μF	1 只	C2
	47 μF	1 只	C4
发光二极管	LED	1 只	D3
二极管	1N4148	2 只	D1、D2
插针	2P	2 个	J1、J2
驻极体话筒	MICROPHONE2	1 个	MK1
电源线		2 根	
电路板		1 块	

4. 实训步骤

制作过程中必须听从教师的安排和要求，遵守纪律，注意安全用电，按照正常规程进行操作。实训步骤如图 13.4 所示。

(1)按照表 13.1 所示清点元件。

(2) 按工艺要求将元件检测后逐次进行组装，主要元件工艺要求如下：

①装配元器件一般应满足先小后大，先内后外、先低后高的原则；

②电阻、二极管应水平安装，紧贴 PCB 板，电阻的色环方向应一致，色环读数满足从下到上，从左到右的顺序，二极管的正负极要安装正确；

③电容应尽量插到底，元件离 PCB 板小于 4 mm，同时要注意电解电容的安装极性，无极性的电容的方向要一致；

④三极管、发光二极管应直立安装，底面距 PCB 板 5 mm 左右，要注意引脚不要装错；

⑤插座、LED 数码管、轻触开关、电源插座要紧贴 PCB 板安装；

⑥驻极体话筒要先接上两个引脚，可以使用剪掉的电阻引脚，然后再安装到电路板上去，连接外壳的那个引脚为阴极（地）。

⑦安装排针时应把金属部分较的一端留在外面，紧贴电路板焊接金属部分短的一端，应装配美观、均匀、整齐、不倾斜、高矮有序；

⑧插入焊孔的元件、引线均采用直脚焊，焊接后剪脚留头 1 mm 左右；焊点应圆滑、光亮、无虚焊、搭焊、散锡。

(3)检查元器件是否安装正确，特别是集成块方向是否装错。检查焊接质量，焊点处理是否合理、有没有焊接点短路、虚焊、假焊、多余管脚是否剪去。

(4)检测各关键点的在路电阻，确定无短路后，接通 DC 5V 电压。

(5)验证电路功能是否实现。

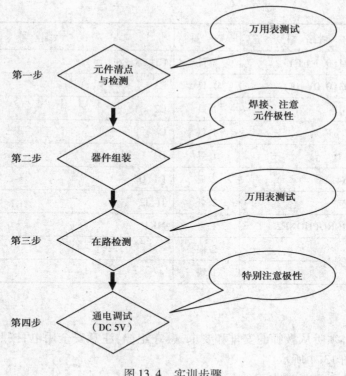

图 13.4　实训步骤

5.成绩评定

根据表 13.2 成绩评定的项目、分值、得分表,每焊接、装配错误一点扣 2 分,最后确定得分的多少。

表 13.2　成绩评定表学生姓名　　　　　学生姓名＿＿＿＿＿＿

	元件选用	装配工艺	焊点质量	电路功能	安全文明	总分
分值分布	20	20	20	30	10	100
扣分						
得分						

思考与习题十三

1.电子产品通电运行正常,靠近 MIC 话筒旁边大力拍手,观察 LED 状态,在表格所示条件下,使用万用表测量以下点的电压。

	Q1 基极	Q1 集电极	Q2 发射极	Q3 基极	Q4 基极	VD3 正极
LED 灯亮						
LED 灯灭						

2.接通电路电源后,拍手让指示灯熄灭时,将示波器耦合通道设为直流,Y 轴挡位调到1V∕格,测量 V3 的 C(集电极)的波形参数并绘制波形示意图。

V3 的 C(集电极)的波形	Vmax(电压最大值)

3.将 R9 换成 47 kΩ 的电阻,电路还能实现功能吗?

实训十四　可调速流水灯电路的制作

一、知识准备

夜晚里,广告牌上的流水彩灯可以吸引大家的注意,在建筑物的棱角上装上流水灯,可起到变换闪烁美不胜收的效果。节日里,在家庭、单位大门上装上一组流水彩灯,能增添节日气氛,本流水灯电路原理简单,可以调节流水灯流动的速度。

1. 可调速流水灯电路结构与工作原理

图 14.1 是该可调速流水灯电路方框图,由振荡器、脉冲分配、显示电路三部分组成。图 14.2 是电路原理图,图 14.3 是印制电路图。

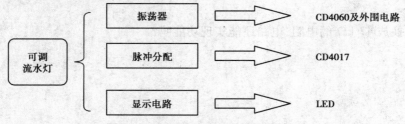

图 14.1　可调速流水灯电路组成框图

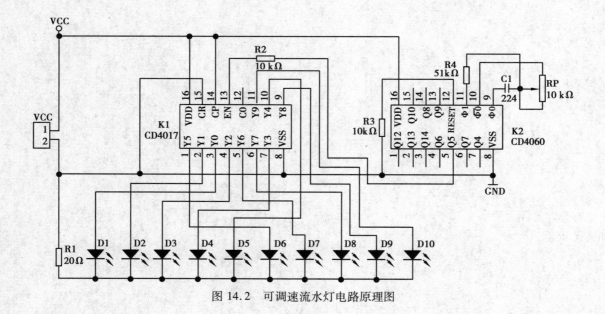

图 14.2　可调速流水灯电路原理图

126

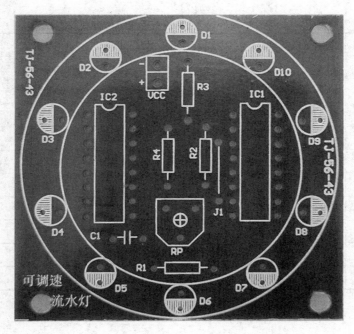

图 14.3　可调速流水灯电路印制电路图

电路的工作原理如下：

CD4060 及外围电路组成了振荡器,振荡器的频率由 C1 和 RP 决定,其周期为 $T = 2.2 \times$ RP(接入电路的部分) $\times$ C1。振荡脉冲经过分频后从第 5 脚输出,作为 CD4017 的计数脉冲, CD4017 的第 14 脚 CP 端接高电平,第 13 脚 EN 使能端成为触发端,Y0 ~ Y9 外接 10 只发光二极管 D1 ~ D10,依次排列成圆形,当电路通电后,Y0 ~ Y9 依次输出高电平,从而使得发光二极管依次发光,形成流动的光圈。调节 RP 的大小,可以改变振荡频率,同时也改变了发光二极管流动的速度。

2.可调速流水灯电路的元器件选择

电阻选用碳膜电阻器,功率为 1/4W,允许偏差 ±1%。发光二极管选用 5 mm 的红发光二极管,电位器选用 10 kΩ 的蓝白可调电位器,芯片使用双列直插式。元器件的规格、型号及装配时所需的见表 14.1。

二、技能实训

1.实训内容

可调速流水灯电路的安装与调试。

2.实训目的

通过可调速流水灯电路的安装与调试,加深对元器件的认识,提高焊接技术和装配能力,激发学习兴趣。

3.实训器材

工具类:万用表 1 块、数字示波器 1 台、电烙铁 1 把、镊子 1 个、斜口钳 1 把、可调流水灯元器件 1 套。

材料类:元器件的规格、型号及装配时所需的零件表 14.1。

表 14.1　元器件的规格、型号及装配时所需的零件明细表

类　别	规格、型号	编　号	数　量
电阻器	20 Ω	R1	1
	10 kΩ	R2，R3	2
	51 kΩ	R4	1
电位器	10 kΩ	RP	1
瓷片电容	224(0.22 μF)	C1	1
发光二极管	5 mm	D1 ~ D10	10
集成块	CD4017	IC1	1
	CD4060	IC2	1
集成块插座	DIP16	配 IC1IC2	2
电路板	55 × 55	单面玻纤板	1

4.实训步骤

制作过程中必须听从教师的安排和要求,遵守纪律,注意安全用电,按照正常规程进行操作。制作程序如图 14.4 所示。

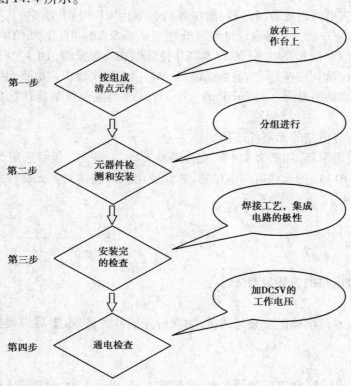

图 14.4　可调速流水灯电路实训步骤

5. 成绩评定

根据表 14.2 成绩评定的项目、分值、得分表,每焊接、装配错误一点扣 1 分,最后确定得分的多少。

表 14.2 成绩评定表　　　　　　　　　学生姓名＿＿＿＿＿＿＿＿

	元件选用	装配工艺	焊点质量	电路功能	安全文明	总分
分值分布	20	20	20	30	10	100
扣分						
得分						

思考与习题十四

(1)若要使电路中所用的发光二极管正常发光,应给其两端加＿＿＿＿＿＿＿＿(正向、反向)电压,通电后测量其工作电压为＿＿＿＿＿＿＿＿,估测其工作电流范围一般为＿＿＿＿＿＿＿＿＿。

(2)电路中应用的 CD4060 为 14 级二进制串行计数器,若给其提供 32.768 kHz 的外接晶振,则第 14 脚输出信号的频率为＿＿＿＿＿＿＿＿＿＿＿＿,第 3 脚输出信号的频率为＿＿＿＿＿＿＿＿＿＿。

(3)电路中 R1 的作用是＿＿＿＿＿＿＿＿＿＿＿,其阻值变大将使得 LED ＿＿＿＿＿＿＿＿＿＿。

(4)若断开 R4,则电路会出现＿＿＿＿＿＿＿＿＿＿故障现象。

(5)电路中 RP 的作用是什么?它的大小变化分别对电路产生哪些影响?

(6)正常工作时,使用万用表按要求测量下表中测试点的电压值。

测试点编号	IC1 的第 16 脚电压	IC2 的第 8 脚电压
电压/V		

(7)正常工作时,将 RP 逆时针转到底,使用示波器测试 IC2 第 5 脚波形,观察并绘制波形示意图,并测试信号峰-峰值和频率值。

IC2 的第 5 脚(8 分)	波形参数值(16 分)	
	Vpp(峰-峰值)	Freq(频率)

参考文献

[1] 孟凤果. 电子测量技术[M]. 北京:机械工业出版社,2005.

[2] 石小法. 电子技能与实训[M]. 北京:高等教育出版社,2006.

[3] 朱国兴. 电子技能与测量[M]. 北京:高等教育出版社,2002.

[4] 杜德昌,许传清. 电工电子技术及应用[M]. 北京:高等教育出版社,2002.

[5] 聂广林,任德齐. 电子技术基础[M]. 重庆:重庆大学出版社,2003.